Why?

사고력도 탄탄! 자

수학 일등의 지름길 「기탄사고력수학」

👑 **단계별·능력별 프로그램식 학습지입니다**

유아부터 초등학교 6학년까지 각 단계별로 4~6권씩 총 52권으로 구성되었으며, 처음 시작할 때 나이와 학년에 관계없이 능력별 수준에 맞추어 학습하는 프로그램식 학습지입니다.

👑 **사고력·창의력을 키워 주는 수학 학습지입니다**

다양한 사고 단계를 거쳐 문제 해결력을 높여 주며, 개념과 원리를 이해하도록 하여 수학적 사고력을 키워 줍니다. 또 수학적 사고를 바탕으로 스스로 생각하고 깨닫는 창의력을 키워 줍니다.

👑 **유아 과정은 물론 초등학교 수학의 전 영역을 골고루 학습합니다**

운필력, 공간 지각력, 수 개념 등 유아 과정부터 시작하여, 초등학교 과정인 수와 연산, 도형 등 수학의 전 영역을 골고루 다루어, 자녀들의 수학적 사고의 폭을 넓히는 데 큰 도움을 줍니다.

👑 **학습 지도 가이드와 다양한 학습 성취도 평가 자료를 수록했습니다**

매주, 매달, 매 단계마다 학습 목표에 따른 지도 내용과 지도 요점, 완벽한 해설을 제공하여 학부모님께서 쉽게 지도하실 수 있습니다. 창의력 문제와 수학 경시 대회 예상 문제를 단계별로 수록, 수학 실력을 완성시켜 줍니다.

👑 **과학적 학습 분량으로 공부하는 습관이 몸에 배입니다**

하루 10~20분 정도의 과학적 학습량으로 공부에 싫증을 느끼지 않게 하고, 학습에 자신감을 가지도록 하였습니다. 매일 일정 시간 꾸준하게 공부하도록 하면, 시키지 않아도 공부하는 습관이 몸에 배게 됩니다.

「기탄사고력수학」은
체계적이고 장기적인 프로그램으로
꾸준히 학습하면 반드시 성적으로 보답합니다

✿ **스몰 스텝(Small Step)방식으로 꾸준히 학습하면 성적이 올라갑니다**

「기탄사고력수학」은 단순히 문제만 나열한 문제집이 아닙니다. 체계적이고 장기적인 학습프로그램을 통해 수학적 사고력과 창의력을 완성시켜 주는 스몰 스텝(Small Step)방식으로 꾸준히 학습하면 반드시 성적이 올라갑니다.

✿ **하루 3장, 10~20분씩 규칙적으로 학습하게 하세요**

매일 일정 시간에 일정한 학습량을 꾸준히 재미있게 해야만 학습효과를 높일 수 있습니다. 주별로 분철하기 쉽게 제본되어 있으니, 교재를 구입하시면 먼저 분철하여 일주일 학습 분량만 자녀들에게 나누어 주세요. 그래야만 아이들이 학습 성취감과 자신감을 가질 수 있습니다.

✿ **자녀들의 수준에 알맞은 교재를 선택하세요**

〈기탄사고력수학〉은 유아에서 초등학교 6학년까지, 나이와 학년에 관계없이 학습 난이도별로 자신의 능력에 맞는 단계를 선택하여 시작하는 능력별 교재입니다. 그러나 자녀의 수준보다 1~2단계 낮춘 교재부터 시작하면 학습에 더욱 자신감을 갖게 되어 효과적입니다.

교재 구분	교재 구성	대 상
A단계 교재	1, 2, 3, 4집	4세 ~ 5세 아동
B단계 교재	1, 2, 3, 4집	5세 ~ 6세 아동
C단계 교재	1, 2, 3, 4집	6세 ~ 7세 아동
D단계 교재	1, 2, 3, 4집	7세 ~ 초등학교 1학년
E단계 교재	1, 2, 3, 4, 5, 6집	초등학교 1학년
F단계 교재	1, 2, 3, 4, 5, 6집	초등학교 2학년
G단계 교재	1, 2, 3, 4, 5, 6집	초등학교 3학년
H단계 교재	1, 2, 3, 4, 5, 6집	초등학교 4학년
I단계 교재	1, 2, 3, 4, 5, 6집	초등학교 5학년
J단계 교재	1, 2, 3, 4, 5, 6집	초등학교 6학년

「기탄사고력수학」으로
수학 성적 올리는 일등비법을 공개합니다

※ **문제를 먼저 풀어 주지 마세요**

기탄사고력수학은 직관(전체 감지)을 논리(이론과 구체 연결)로 발전시켜 답을 구하도록 구성되었습니다. 쉽게 문제를 풀지 못하더라도 노력하는 과정에서 더 많은 것을 얻을 수 있으니, 약간의 힌트 외에는 자녀가 스스로 끝까지 문제를 풀어 나갈 수 있도록 격려해 주세요.

※ **교재는 이렇게 활용하세요**

먼저 자녀들의 능력에 맞는 교재를 선택하세요. 그리고 일주일 분량씩 분철하여 매일 3장씩 풀 수 있도록 해 주세요. 한꺼번에 많은 양의 교재를 주시면 어린이가 부담을 느껴서 학습을 미루거나 포기하기 쉽습니다. 적당한 양을 매일매일 학습하도록 하여 수학 공부하는 재미를 느낄 수 있도록 해 주세요.

※ **교재 학습 과정을 꼭 지켜 주세요**

한 주 학습이 끝날 때마다 창의력 문제와 경시 대회 예상 문제를 꼭 풀고 넘어가도록 해 주시고, 한 권(한 달 과정)이 끝나면 성취도 테스트와 종료 테스트를 통해 스스로 실력을 가늠해 볼 수 있도록 도와 주세요. 문제를 다 풀면 반드시 해답지를 이용하여 정확하게 채점해 주시고, 틀린 문제를 체크해 놓았다가 다음에는 확실히 풀 수 있도록 지도해 주세요.

※ **자녀의 학습 관리를 게을리 하지 마세요**

수학적 사고는 하루 아침에 생겨나는 것이 아닙니다. 날마다 꾸준히 규칙적으로 학습해 나갈 때에만 비로소 수학적 사고의 기틀이 마련되는 것입니다. 교육은 사랑입니다. 자녀가 학습한 부분을 어머니께서 꼭 확인하시면서 사랑으로 돌봐 주세요. 부모님의 관심 속에서 자란 아이들만이 성적 향상은 물론 이 사회에서 꼭 필요한 인격체로 성장해 나갈 수 있다는 것도 잊지 마세요.

기탄관련수학 교재별 학습 내용

A 단계 교재

A - ❶ 교재	A - ❷ 교재
나와 가족에 대하여 알기 바른 행동 알기 다양한 선 그리기 다양한 사물 색칠하기 ○△□ 알기 똑같은 것 찾기 빠진 것 찾기 종류가 같은 것과 다른 것 찾기 관찰력, 논리력, 사고력 키우기	필요한 물건 찾기 관계 있는 것 찾기 다양한 기준에 따라 분류하기 (종류, 용도, 모양, 색깔, 재질, 계절, 성질 등) 두 가지 기준에 따라 분류하기 다섯까지 세기 변별력 키우기 미로 통과하기
A - ❸ 교재	**A - ❹ 교재**
다양한 기준으로 비교하기 (길이, 높이, 양, 무게, 크기, 두께, 넓이, 속도, 깊이 등) 시간의 순서 비교하기 반대 개념 알기 3까지의 숫자 배우기 그림 퍼즐 맞추기 미로 통과하기	최상급 개념 알기 다양한 기준으로 순서 짓기 (크기, 시간, 길이, 두께 등) 네 가지 이상 비교하기 이중 서열 알기 ABAB, ABCABC의 규칙성 알기 다양한 규칙 이해하기 부분과 전체 알기 5까지의 숫자 배우기 일대일 대응, 일대다 대응 알기 미로 통과하기

B 단계 교재

B - ❶ 교재	B - ❷ 교재
열까지 세기 9까지의 숫자 배우기 사물의 기본 모양 알기 모양 구성하기 모양 나누기와 합치기 같은 모양, 짝이 되는 모양 찾기 위치 개념 알기 (위, 아래, 앞, 뒤) 위치 파악하기	9까지의 수량, 수 단어, 숫자 연결하기 구체물을 이용한 수 익히기 반구체물을 이용한 수 익히기 위치 개념 알기 (안, 밖, 왼쪽, 가운데, 오른쪽) 다양한 위치 개념 알기 시간 개념 알기 (낮, 밤) 구체물을 이용한 수와 양의 개념 알기 (같다, 많다, 적다)
B - ❸ 교재	**B - ❹ 교재**
순서대로 숫자 쓰기 거꾸로 숫자 쓰기 1 큰 수와 2 큰 수 알기 1 작은 수와 2 작은 수 알기 반구체물을 이용한 수와 양의 개념 알기 보존 개념 익히기 여러 가지 단위 배우기	순서수 알기 사물의 입체 모양 알기 입체 모양 나누기 두 수의 크기 비교하기 여러 수의 크기 비교하기 0의 개념 알기 0부터 9까지의 수 익히기

단계 교재

C - ❶ 교재	C - ❷ 교재
구체물을 통한 수 가르기 반구체물을 통한 수 가르기 숫자를 도입한 수 가르기 구체물을 통한 수 모으기 반구체물을 통한 수 모으기 숫자를 도입한 수 모으기	수 가르기와 모으기 여러 가지 방법으로 수 가르기 수 모으고 다시 수 가르기 수 가르고 다시 수 모으기 더해 보기 세로로 더해 보기 빼 보기 세로로 빼 보기 더해 보기와 빼 보기 바꾸어서 셈하기

C - ❸ 교재	C - ❹ 교재
길이 측정하기 높이 측정하기 넓이 측정하기 크기 측정하기 둘레 측정하기 무게 측정하기 부피 측정하기 들이 측정하기 활동 시간 알아보기 시간의 순서 알아보기 여러 가지 측정하기	열 개 열 개 만들어 보기 열 개 묶어 보기 자리 알아보기 수 '10' 알아보기 10의 크기 알아보기 더하여 10이 되는 수 알아보기 열다섯까지 세어 보기 스물까지 세어 보기

단계 교재

D - ❶ 교재	D - ❷ 교재
수 11~20 알기 11~20까지의 수 알기 30까지의 수 알아보기 자릿값을 이용하여 30까지의 수 나타내기 40까지의 수 알아보기 자릿값을 이용하여 40까지의 수 나타내기 자릿값을 이용하여 50까지의 수 나타내기 50까지의 수 알아보기	상자 모양, 공 모양, 둥근기둥 모양 알아보기 공간 위치 알아보기 입체도형으로 모양 만들기 여러 방향에서 본 모습 관찰하기 평면도형 알아보기 선대칭 모양 알아보기 모양 만들기와 탱그램

D - ❸ 교재	D - ❹ 교재
덧셈 이해하기 100이 되는 더하기 여러 가지로 더해 보기 덧셈 익히기 뺄셈 이해하기 10에서 빼기 여러 가지로 빼 보기 뺄셈 익히기	조사하여 기록하기 그래프의 이해 그래프의 활용 분수의 이해 시간 느끼기 사건의 순서 알기 소요 시간 알아보기 달력 보기 시계 보기 활동한 시간 알기

기탄교력수학 교재별 학습 내용

E 단계 교재

E - ❶ 교재	E - ❷ 교재	E - ❸ 교재
사물의 개수를 세어 보고 1, 2, 3, 4, 5 알아보기 0의 개념과 0~5까지의 수의 순서 알기 하나 더 많다, 적다의 개념 알기 두 수의 크기 비교하기 사물의 개수를 세어 보고 6, 7, 8, 9 알아보기 0~9까지의 수의 순서 알기 하나 더 많다, 적다의 개념 알기 두 수의 크기 비교하기 여러 가지 모양 알아보기, 찾아보기, 만들어 보기 규칙 찾기	두 수로 가르기 두 수를 모으기 가르기와 모으기 덧셈식 알아보기 뺄셈식 알아보기 길이 비교해 보기 높이 비교해 보기 들이 비교해 보기 무게 비교해 보기 넓이 비교해 보기	수 10(십) 알아보기 19까지의 수 알아보기 몇십과 몇십 몇 알아보기 물건의 수 세기 50까지 수의 순서 알아보기 두 수의 크기 비교하기 분류하기 분류하여 세어 보기
E - ❹ 교재	**E - ❺ 교재**	**E - ❻ 교재**
수 60, 70, 80, 90 99까지의 수 수의 순서 두 수의 크기 비교 여러 가지 모양 알아보기, 찾아보기 여러 가지 모양 만들기, 그리기 규칙 찾기 10을 두 수로 가르기 10이 되도록 두 수를 모으기	10이 되는 더하기 10에서 빼기 세 수의 덧셈과 뺄셈 (몇십)+(몇), (몇십 몇)+(몇), (몇십 몇)+(몇십 몇) (몇십 몇)-(몇), (몇십 몇)-(몇십 몇) 긴바늘, 짧은바늘 알아보기 몇 시 알아보기 몇 시 30분 알아보기	세 수의 덧셈 받아올림이 있는 (몇)+(몇) 받아내림이 있는 (십 몇)-(몇) 세 수의 계산 덧셈식, 뺄셈식 만들기 □가 있는 덧셈식, 뺄셈식 만들기 여러 가지 방법으로 해결하기

F 단계 교재

F - ❶ 교재	F - ❷ 교재	F - ❸ 교재
백(100)과 몇백(200, 300, ······)의 개념 이해 세 자리 수와 뛰어 세기의 이해 세 자리 수의 크기 비교 받아올림이 있는 (두 자리 수)+(한 자리 수)의 계산 받아내림이 있는 (두 자리 수)-(한 자리 수)의 계산 세 수의 덧셈과 뺄셈 선분과 직선의 차이 이해 사각형, 삼각형, 원 등의 여러 가지 모양 쌓기나무로 똑같이 쌓아 보고 여러 가지 모양 만들기 배열 순서에 따라 규칙 찾아내기	받아올림이 있는 (두 자리 수)+(두 자리 수)의 계산 받아내림이 있는 (두 자리 수)-(두 자리 수)의 계산 여러 가지 방법으로 계산하고 세 수의 혼합 계산 길이 비교와 단위길이의 비교 길이의 단위(cm) 알기 길이 재기와 길이 어림하기 어떤 수를 □로 나타내기 덧셈식 · 뺄셈식에서 □의 값 구하기 어떤 수를 구하는 식 만들기 식에 알맞은 문제 만들기	시각 읽기 시각과 시간의 차이 알기 하루의 시간 알기 달력을 보며 1년 알기 몇 시 몇 분 전 알기 반 시간 알기 묶어 세기 몇 배 알아보기 더하기를 곱하기로 나타내기 덧셈식과 곱셈식으로 나타내기
F - ❹ 교재	**F - ❺ 교재**	**F - ❻ 교재**
2~9의 단 곱셈구구 익히기 1의 단 곱셈구구와 0의 곱 곱셈표에서 규칙 찾기 받아올림이 없는 세 자리 수의 덧셈 받아내림이 없는 세 자리 수의 뺄셈 여러 가지 방법으로 계산하기 미터(m)와 센티미터(cm) 길이 재기 길이 어림하기 길이의 합과 차	받아올림이 있는 세 자리 수의 덧셈 받아내림이 있는 세 자리 수의 뺄셈 여러 가지 방법으로 덧셈 · 뺄셈하기 세 수의 혼합 계산 똑같이 나누기 전체와 부분의 크기 분수의 쓰기와 읽기 분수만큼 색칠하고 분수로 나타내기 표와 그래프로 나타내기 조사하여 표와 그래프로 나타내기	□가 있는 곱셈식을 만들어 문제 해결하기 규칙을 찾아 문제 해결하기 거꾸로 생각하여 문제 해결하기

단계 교재

G - ❶ 교재	G - ❷ 교재	G - ❸ 교재
1000의 개념 알기	똑같이 묶어 덜어 내기와 똑같게 나누기	분수만큼 알기와 분수로 나타내기
몇천, 네 자리 수 알기	나눗셈의 몫	몇 개인지 알기
수의 자릿값 알기	곱셈과 나눗셈의 관계	분수의 크기 비교
뛰어 세기, 두 수의 크기 비교	나눗셈의 몫을 구하는 방법	mm 단위를 알기와 mm 단위까지 길이 재기
세 자리 수의 덧셈	나눗셈의 세로 형식	km 단위를 알기
덧셈의 여러 가지 방법	곱셈을 활용하여 나눗셈의 몫 구하기	km, m, cm, mm의 단위가 있는 길이의
세 자리 수의 뺄셈	평면도형 밀기, 뒤집기, 돌리기	합과 차 구하기
뺄셈의 여러 가지 방법	평면도형 뒤집고 돌리기	시각과 시간의 개념 알기
각과 직각의 이해	(몇십)×(몇)의 계산	1초의 개념 알기
직각삼각형, 직사각형, 정사각형의 이해	(두 자리 수)×(한 자리 수)의 계산	시간의 합과 차 구하기

G - ❹ 교재	G - ❺ 교재	G - ❻ 교재
(네 자리 수)+(세 자리 수)	(몇십)÷(몇)	막대그래프
(네 자리 수)+(네 자리 수)	내림이 없는 (몇십 몇)÷(몇)	막대그래프 그리기
(네 자리 수)−(세 자리 수)	나눗셈의 몫과 나머지	그림그래프
(네 자리 수)−(네 자리 수)	나눗셈식의 검산 / (몇십 몇)÷(몇)	그림그래프 그리기
세 수의 덧셈과 뺄셈	들이 / 들이의 단위	알맞은 그래프로 나타내기
(세 자리 수)×(한 자리 수)	들이의 어림하기와 합과 차	규칙을 정해 무늬 꾸미기
(몇십)×(몇십) / (두 자리 수)×(몇십)	무게 / 무게의 단위	규칙을 찾아 문제 해결
(두 자리 수)×(두 자리 수)	무게의 어림하기와 합과 차	표를 만들어서 문제 해결
원의 중심과 반지름 / 그리기 / 지름 / 성질	0.1 / 소수 알아보기	예상과 확인으로 문제 해결
	소수의 크기 비교하기	

단계 교재

H - ❶ 교재	H - ❷ 교재	H - ❸ 교재
만 / 다섯 자리 수 / 십만, 백만, 천만	이등변삼각형 / 이등변삼각형의 성질	소수
억 / 조 / 큰 수 뛰어서 세기	정삼각형 / 예각과 둔각	소수 두 자리 수
두 수의 크기 비교	예각삼각형 / 둔각삼각형	소수 세 자리 수
100, 1000, 10000, 몇백, 몇천의 곱	덧셈, 뺄셈 또는 곱셈, 나눗셈이 섞여 있는 혼합	소수 사이의 관계
(세,네 자리 수)×(두 자리 수)	계산	소수의 크기 비교
세 수의 곱셈 / 몇십으로 나누기	덧셈, 뺄셈, 곱셈, 나눗셈이 섞여 있는 혼합 계산	규칙을 찾아 수로 나타내기
(두,세 자리 수)÷(두 자리 수)	( ), { }가 있는 혼합 계산	규칙을 찾아 글로 나타내기
각의 크기 / 각 그리기 / 각도의 합과 차	분수와 진분수 / 가분수와 대분수	새로운 무늬 만들기
삼각형의 세 각의 크기의 합	대분수를 가분수로, 가분수를 대분수로 나타내기	
사각형의 네 각의 크기의 합	분모가 같은 분수의 크기 비교	

H - ❹ 교재	H - ❺ 교재	H - ❻ 교재
분모가 같은 진분수의 덧셈	사다리꼴 / 평행사변형 / 마름모	꺾은선그래프
분모가 같은 대분수의 덧셈	직사각형과 정사각형의 성질	꺾은선그래프 그리기
분모가 같은 진분수의 뺄셈	다각형과 정다각형 / 대각선	물결선을 사용한 꺾은선그래프
분모가 같은 대분수의 뺄셈	여러 가지 모양 만들기	물결선을 사용한 꺾은선그래프 그리기
분모가 같은 대분수와 진분수의 덧셈과 뺄셈	여러 가지 모양으로 덮기	알맞은 그래프로 나타내기
소수의 덧셈 / 소수의 뺄셈	직사각형과 정사각형의 둘레	꺾은선그래프의 활용
수직과 수선 / 수선 긋기	1cm² / 직사각형과 정사각형의 넓이	두 수 사이의 관계
평행선 / 평행선 긋기	여러 가지 도형의 넓이	두 수 사이의 관계를 식으로 나타내기
평행선 사이의 거리	이상과 이하 / 초과와 미만 / 수의 범위	문제를 해결하고 풀이 과정을 설명하기
	올림과 버림 / 반올림 / 어림의 활용	

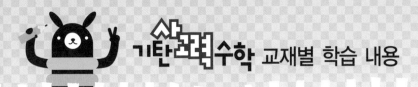

기탄사고력수학 교재별 학습 내용

I 단계 교재

I - ❶ 교재

약수 / 배수 / 배수와 약수의 관계
공약수와 최대공약수
공배수와 최소공배수
크기가 같은 분수 알기
크기가 같은 분수 만들기
분수의 약분 / 분수의 통분
분수의 크기 비교 / 진분수의 덧셈
대분수의 덧셈 / 진분수의 뺄셈
대분수의 뺄셈 / 세 분수의 덧셈과 뺄셈

I - ❷ 교재

세 분수의 덧셈과 뺄셈
(진분수)×(자연수) / (대분수)×(자연수)
(자연수)×(진분수) / (자연수)×(대분수)
(단위분수)×(단위분수)
(진분수)×(진분수) / (대분수)×(대분수)
세 분수의 곱셈 / 합동인 도형의 성질
합동인 삼각형 그리기
면, 모서리, 꼭짓점
직육면체와 정육면체
직육면체의 성질 / 겨냥도 / 전개도

I - ❸ 교재

평행사변형의 넓이
삼각형의 넓이
사다리꼴의 넓이
마름모의 넓이
넓이의 단위 m^2, a
넓이의 단위 ha, km^2
넓이의 단위 관계
무게의 단위

I - ❹ 교재

분수와 소수의 관계
분수를 소수로, 소수를 분수로 나타내기
분수와 소수의 크기 비교
1÷(자연수)를 곱셈으로 나타내기
(자연수)÷(자연수)를 곱셈으로 나타내기
(진분수)÷(자연수) / (가분수)÷(자연수)
(대분수)÷(자연수)
분수와 자연수의 혼합 계산
선대칭도형/선대칭의 위치에 있는 도형
점대칭도형/점대칭의 위치에 있는 도형

I - ❺ 교재

(소수)×(자연수) / (자연수)×(소수)
곱의 소수점의 위치
(소수)×(소수)
소수의 곱셈
(소수)÷(자연수)
(자연수)÷(자연수)
줄기와 잎 그림
그림그래프
평균
자료를 그래프로 나타내고 설명하기

I - ❻ 교재

두 수의 크기 비교
비율
백분율
할푼리
실제로 해 보기와 표 만들기
그림 그리기와 식 만들기
예상하고 확인하기와 표 만들기
실제로 해 보기와 규칙 찾기

J 단계 교재

J - ❶ 교재

(자연수)÷(단위분수)
분모가 같은 진분수끼리의 나눗셈
분모가 다른 진분수끼리의 나눗셈
(자연수)÷(진분수) / 대분수의 나눗셈
분수의 나눗셈 활용하기
소수의 나눗셈 / (자연수)÷(소수)
소수의 나눗셈에서 나머지
반올림한 몫
입체도형과 각기둥 / 각뿔
각기둥의 전개도 / 각뿔의 전개도

J - ❷ 교재

쌓기나무의 개수
쌓기나무의 각 자리, 각 층별로 나누어
개수 구하기
규칙 찾기
쌓기나무로 만든 것, 여러 가지 입체도형,
여러 가지 생활 속 건축물의 위, 앞, 옆
에서 본 모양
원주와 원주율 / 원의 넓이
띠그래프 알기 / 띠그래프 그리기
원그래프 알기 / 원그래프 그리기

J - ❸ 교재

비례식
비의 성질
가장 작은 자연수의 비로 나타내기
비례식의 성질
비례식의 활용
연비
두 비의 관계를 연비로 나타내기
연비의 성질
비례배분
연비로 비례배분

J - ❹ 교재

(소수)÷(분수) / (분수)÷(소수)
분수와 소수의 혼합 계산
원기둥 / 원기둥의 전개도
원뿔
회전체 / 회전체의 단면
직육면체와 정육면체의 겉넓이
부피의 비교 / 부피의 단위
직육면체와 정육면체의 부피
부피의 큰 단위
부피와 들이 사이의 관계

J - ❺ 교재

원기둥의 겉넓이
원기둥의 부피
경우의 수
순서가 있는 경우의 수
여러 가지 경우의 수
확률
미지수를 x로 나타내기
등식 알기 / 방정식 알기
등식의 성질을 이용하여 방정식 풀기
방정식의 활용

J - ❻ 교재

두 수 사이의 대응 관계 / 정비례
정비례를 활용하여 생활 문제 해결하기
반비례
반비례를 활용하여 생활 문제 해결하기
그림을 그리거나 식을 세워 문제 해결하기
거꾸로 생각하거나 식을 세워 문제 해결하기
표를 작성하거나 예상과 확인을 통하여
문제 해결하기
여러 가지 방법으로 문제 해결하기
새로운 문제를 만들어 풀어 보기

사고력도 탄탄! 창의력도 탄탄!

기탄고력수학

E4

E181a ~ E195b

학습 관리표

학습 내용		이번 주는?
100까지의 수	· 수 60, 70, 80, 90 · 99까지의 수 · 수의 순서 · 두 수의 크기 비교 · 창의력 학습 · 경시 대회 예상 문제	· 학습 방법 : ① 매일매일 ② 가끔 ③ 한꺼번에 하였습니다. · 학습 태도 : ① 스스로 잘 ② 시켜서 억지로 하였습니다. · 학습 흥미 : ① 재미있게 ② 싫증내며 하였습니다. · 교재 내용 : ① 적합하다고 ② 어렵다고 ③ 쉽다고 하였습니다.

지도 교사가 부모님께	부모님이 지도 교사께

평가	Ⓐ 아주 잘함	Ⓑ 잘함	Ⓒ 보통	Ⓓ 부족함

원(교)　　　　반　이름　　　　전화

기초부터 탄탄하게
Ｇ 기탄교육
www.gitan.co.kr / (02)586-1007(대)

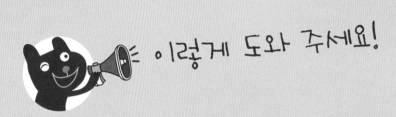
이렇게 도와 주세요!

● 학습 목표
– 100까지 수의 개념을 이해하여 읽고 쓸 수 있다.
– 100까지 수 배열 표에서 규칙을 찾고, 규칙에 따라 수를 배열할 수 있다.

● 지도 내용
– 구체물을 10개씩 묶어서 세어 보고, 수로 쓰고 읽어 보게 한다.
– 두 자리 수를 순서대로 쓰고 읽어 보게 한다.
– 99 다음의 수로서 100을 알고 100까지 수의 순서를 알아보게 한다.
– 구체물의 조작을 통하여 두 수의 크기를 비교해 보고 부등호로 나타내 보게 한다.
– 수 배열 표에서 수의 규칙을 찾거나 규칙에 따라 수를 배열할 수 있게 한다.

● 지도 요점
50까지의 수 세기 활동을 바탕으로 100까지의 수를 차례로 세어 보는 활동을 합니다.
10개씩 묶어 세기 활동에서 경우에 따라 '열, 스물, 서른, …'으로 세는 방법과 '십, 이
십, 삼십, …'으로 세는 방법으로 능숙하게 차례로 셀 수 있도록 지도합니다.
제시된 구체물이나 반구체물을 10개씩 묶음과 낱개로 구분하여 두 자리 수로 나타내
고, 50까지의 수와 마찬가지로 67에서 10개씩 묶음의 숫자 6은 60을 나타내므로
'예순' 또는 '육십'으로 읽고, 낱개의 숫자 7은 '일곱' 또는 '칠'로 읽어 '예순일곱',
'육십칠'로 읽을 수 있도록 지도합니다.
51부터 100까지 수의 순서를 수 배열 표를 통하여 이해하게 하여 0부터 100까지 수
의 순서를 알게 합니다.
그리고 10개씩 묶음의 숫자와 낱개의 숫자를 비교하는 활동이나 수직선에서 수의 위
치를 이용하는 활동을 통하여 두 수의 크기를 비교하여 '~보다 크다', '~보다 작다'
라는 표현을 할 수 있도록 하고 부등호 >, <로 나타내게 합니다.

✿ 이름 :

✿ 날짜 :

✿ 시간 :　　시　　분 ~　　시　　분

확인

수	60	70	80	90	100
읽기	육십	칠십	팔십	구십	백
	예순	일흔	여든	아흔	백

🐸 다음 그림을 보고 □ 안에 알맞은 수를 써넣으시오.(1~2)

1

10개씩 □ 묶음이므로 □ 입니다.

2

10개씩 □ 묶음이므로 □ 입니다.

사고력 학습

👻 다음 빈칸에 알맞은 수를 쓰고 읽어 보시오.(3~7)

3

	50	오십
		쉰

4

5

6

7

🚗 사고력 학습

★이름 :

★날짜 :

★시간 :　　시　　분~　　시　　분

확인

🐸 다음 ☐ 안에 알맞은 말이나 수를 써넣으시오.(1~5)

1 10개씩 6묶음을 60이라 하고 ☐ 이라고 읽습니다.

2 10개씩 7묶음을 70이라 하고 ☐ 이라고 읽습니다.

3 10개씩 8묶음을 ☐ 이라 하고 ☐ 이라고 읽습니다.

4 10개씩 9묶음을 ☐ 이라 하고 ☐ 이라고 읽습니다.

5 10개씩 10묶음을 ☐ 이라 하고 ☐ 이라고 읽습니다.

사고력 학습

👻 다음 ☐ 안에 알맞은 수를 써넣으시오.(6~8)

6

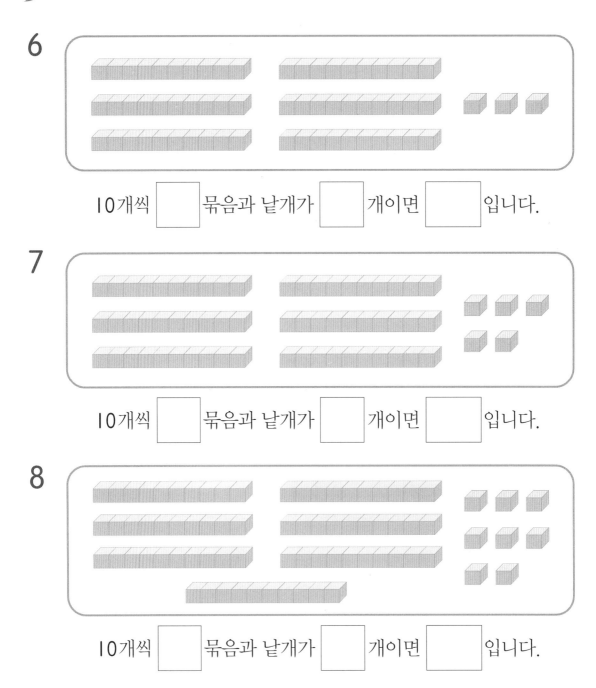

10개씩 ☐ 묶음과 낱개가 ☐ 개이면 ☐ 입니다.

7

10개씩 ☐ 묶음과 낱개가 ☐ 개이면 ☐ 입니다.

8

10개씩 ☐ 묶음과 낱개가 ☐ 개이면 ☐ 입니다.

E-183a

✿ 이름 :

✿ 날짜 :

✿ 시간 :　시　분～　시　분

확인

🐸 다음 ☐ 안에 알맞은 수를 써넣으시오.(1~4)

1

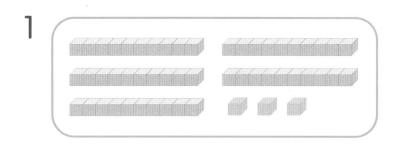

10개씩 ☐ 묶음과

낱개가 ☐ 개이면

☐ 입니다.

2

10개씩 ☐ 묶음과

낱개가 ☐ 개이면

☐ 입니다.

3

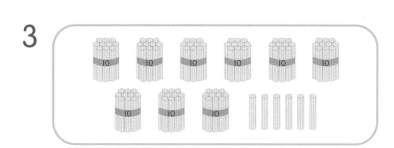

10개씩 ☐ 묶음과

낱개가 ☐ 개이면

☐ 입니다.

4

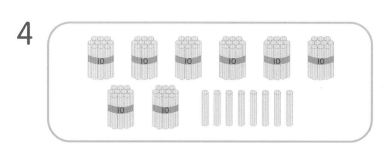

10개씩 ☐ 묶음과

낱개가 ☐ 개이면

☐ 입니다.

사고력 학습

E-183b

다음 빈칸에 알맞은 수를 쓰고 읽어 보시오.(5~7)

5

55

오십오

쉰다섯

6

7

E-184a

✿ 이름 :

✿ 날짜 :

✿ 시간 : 시 분 ~ 시 분

확인

😃 다음 ☐ 안에 알맞은 수를 써넣으시오.(1~4)

1 56은 10개씩 ☐ 묶음이고 낱개가 ☐ 개입니다.

2 80은 10개씩 ☐ 묶음이고 낱개가 ☐ 개입니다.

3 79는 10개씩 ☐ 묶음이고 낱개가 ☐ 개입니다.

4 61은 10개씩 ☐ 묶음이고 낱개가 ☐ 개입니다.

5 수를 읽어 보시오.

수	61	73	84	95	100
읽기	육십일				
	예순하나				

사고력 학습

다음 빈 곳에 알맞은 수를 써넣으시오.(6~10)

6 70 — 75 — ⬜ — 85 — ⬜ — 95

7 ⬜ — 62 — 64 — ⬜ — 68 — ⬜

8 ⬜ — 20 — 40 — ⬜ — ⬜ — 100

9 90 — 91 — ⬜ — ⬜ — 94 — ⬜

10 95 — ⬜ — 85 — ⬜ — 75 — ⬜

♣ 이름 :

♣ 날짜 :

♣ 시간 :   시   분 ~   시   분

확인

🐸 다음 빈칸에 알맞은 수를 써넣으시오.(1~4)

1

| 59 | | 61 | 62 | | 64 | 65 | | 67 | |

2

| | 71 | | 73 | 74 | | 76 | | 78 | |

3

| | | 91 | 92 | | 94 | 95 | | 97 | |

4

| | 80 | | 82 | 83 | | 85 | 86 | | |

🐸 다음 수를 모두 쓰시오.(5~6)

5 87보다 크고 91보다 작은 수 : [   ]

6 56보다 크고 60보다 작은 수 : [   ]

👻 ☐ 안의 수보다 1 큰 수를 찾아 ○표 하시오.(7~9)

7 | 59 | (57, 62, 80, 70, 60, 61)

8 | 69 | (57, 62, 80, 70, 60, 61)

9 | 79 | (57, 62, 80, 70, 60, 61)

👻 ☐ 안의 수보다 1 작은 수를 찾아 △표 하시오.(10~12)

10 | 60 | (89, 49, 69, 70, 59, 91)

11 | 80 | (89, 99, 81, 79, 60, 78)

12 | 91 | (89, 92, 80, 70, 60, 90)

E-186a

😺 다음 ☐ 안에 알맞은 수를 써넣으시오.(1~7)

1 58과 60 사이에 있는 수는 ☐ 입니다.

2 69와 71 사이에 있는 수는 ☐ 입니다.

3 78과 80 사이에 있는 수는 ☐ 입니다.

4 89와 91 사이에 있는 수는 ☐ 입니다.

5 98과 100 사이에 있는 수는 ☐ 입니다.

6 70과 72 사이에 있는 수는 ☐ 입니다.

7 59와 61 사이에 있는 수는 ☐ 입니다.

👻 다음 빈 곳에 알맞은 수를 써넣으시오.(8~13)

8 50 —   — 52

9 69 —   — 71

10 77 —   — 79 —

11 89 —   — 91 —

12   — 90 —   — 92

13   — 69 —   — 71

👻 다음 ☐ 안에 알맞은 수를 써넣으시오.(14~17)

14 59보다 1 큰 수는 ☐ 입니다.

15 50보다 10 큰 수는 ☐ 입니다.

16 70보다 1 작은 수는 ☐ 입니다.

17 90보다 10 작은 수는 ☐ 입니다.

✿ 이름 :

✿ 날짜 :

✿ 시간 :　　시　　분 ~ 　시　　분

확인

🐸 다음 그림을 보고 ☐ 안에 알맞은 수를 써넣으시오.(1~2)

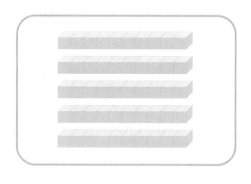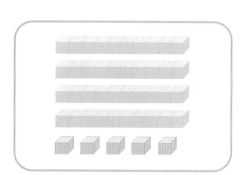

1 ☐ 은 ☐ 보다 큽니다.

2 ☐ 는 ☐ 보다 작습니다.

🐸 더 큰 수에 ○표 하시오.(3~6)

3 [82, 80]

4 [78, 62]

5 [99, 60]

6 [57, 60]

🐸 가장 큰 수에 ○표 하시오.(7~8)

7 [61, 59, 72]

8 [90, 88, 79]

사고력 학습

👻 다음 그림을 보고 ☐ 안에 알맞은 수를 써넣으시오.(9~10)

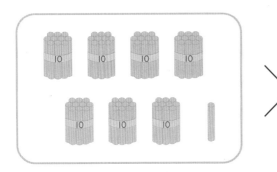 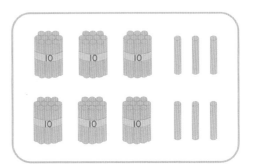

9 ☐ 은 ☐ 보다 큽니다.

10 ☐ 은 ☐ 보다 작습니다.

👻 더 작은 수에 △표 하시오.(11~14)

11 [72, 66]   12 [59, 80]

13 [84, 93]   14 [64, 58]

👻 가장 작은 수에 △표 하시오.(15~16)

15 [73, 84, 62]   16 [55, 61, 71]

✿ 이름 :

✿ 날짜 :

✿ 시간 :　　　시　　분 ~　　시　　분

확인

🐸 다음을 읽어 보시오.(1~4)

1　99 > 89

2　80 < 94

3　90 > 89

4　79 < 81

🐸 다음을 >, <를 사용하여 나타내시오.(5~8)

5　70은 69보다 큽니다.

6　68은 71보다 작습니다.

7　79는 89보다 작습니다.

8　91은 88보다 큽니다.

사고력 학습

다음 □ 안에 들어갈 수 있는 숫자들을 모두 찾아 ○표 하시오.(9~14)

9 82 < □8   (1, 3, 5, 7, 8)

10 84 > 8□   (0, 2, 3, 6, 8)

11 97 < □8   (6, 7, 8, 9, 0)

12 □0 > 59   (0, 5, 6, 2, 8)

13 7□ < 71   (2, 6, 3, 1, 0)

14 6□ > 65   (0, 2, 3, 7, 5)

 사고력 학습

✿ 이름 :

✿ 날짜 :

✿ 시간 :　　시　　분～　　시　　분

🐸 다음 빈칸에 수를 차례로 써넣으시오. 그리고 빨간색 선으로 둘러싸인 수들
에는 어떤 규칙이 있는지 알아보시오.(1~3)

1

51	52			
		58		
			64	
71				

규칙 :

2

51		53		55		57		59	
	62		64		66		68		
71		73	74	75	76	77		79	
	82					87			
	93				96				

규칙 :

3

92		94
		97
		100

규칙 :

👻 다음 수 배열 표를 보고 ☐ 안에 알맞은 수를 써넣으시오.(4~5)

70	71	72	73	74	75	76	77	78	79
80	81	82	83	84	85	86	87	88	89
90	91	92	93	94	95	96	97	98	99

4 빨간색 선으로 둘러싸인 수들은 ☐ 씩 커집니다.

5 파란색 선으로 둘러싸인 수들은 ☐ 씩 커집니다.

👻 다음 빈칸에 알맞은 수를 써넣고 규칙을 알아보시오.(6~7)

62	64		68	70
72	74			
	84			
			98	

6 빨간색 선으로 둘러싸인 수들은 ☐ 씩 커집니다.

7 파란색으로 칠한 곳의 수들은 ☐ 씩 커집니다.

✿ 이름 :

✿ 날짜 :

✿ 시간 :　　시　　분 ~ 　　시　　분

확인

🐸 다음 □ 안에 알맞은 수를 써넣으시오.(1~2)

1 87은 10개씩 ☐ 묶음이고 낱개가 ☐ 개입니다.

2 10개씩 9묶음과 낱개가 6개이면 ☐ 입니다.

3 같은 수끼리 선으로 이으시오.

여든여섯 •　　　　　• 78

예순넷 •　　　　　• 64

일흔여덟 •　　　　　• 86

🐸 다음을 숫자로 써 보시오.(4~7)

4 아흔하나 : (　　　　　)　　　**5** 일흔둘 : (　　　　　)

6 여든넷 : (　　　　　)　　　**7** 예순일곱 : (　　　　　)

사고력 학습

다음 수를 두 가지 방법으로 읽어 보시오.(8~11)

8 87 _____ , _____

9 99 _____ , _____

10 73 _____ , _____

11 64 _____ , _____

👻 다음 ☐ 안에 알맞은 수를 써넣으시오.(12~14)

12 0 — 20 — ☐ — 60 — ☐ — 100

13 100 — 95 — ☐ — 85 — ☐ — ☐

14 86 — 88 — ☐ — ☐ — 94 — 96

사고력 학습

★ 이름 :

★ 날짜 :

★ 시간 :　　시　　분 ～　　시　　분

확인

🐸 다음 수를 쓰시오.(1~3)

1　89와 91 사이에 있는 수

2　80보다 1 작은 수

3　69보다 1 큰 수

🐸 다음 ☐ 안에 알맞은 수를 써넣으시오.(4~9)

4
10 작은 수　　　　　10 큰 수
☐ — 50 — ☐

5
10 작은 수　　　　　10 큰 수
☐ — 80 — ☐

6
10 작은 수　　　　　10 큰 수
☐ — 63 — ☐

7
10 작은 수　　　　　10 큰 수
☐ — 75 — ☐

8
5 작은 수　　　　　5 큰 수
☐ — 75 — ☐

9
10 작은 수　　　　　10 큰 수
☐ — 90 — ☐

사고력 학습

E-191b

👻 다음 ○ 안에 >, <를 알맞게 써넣으시오.(10~17)

10 99 ○ 89

11 78 ○ 87

12 80 ○ 94

13 88 ○ 98

14 예순넷 ○ 쉰일곱

15 아흔넷 ○ 여든일곱

16 일흔둘 ○ 예순셋

17 칠십구 ○ 여든

👻 다음 ○ 안에 >, <를 알맞게 써넣고 바르게 읽으시오.(18~19)

18 96 ○ 88 ➜ _____

19 67 ○ 71 ➜ _____

👻 0부터 9까지의 숫자 중에서 다음 □ 안에 들어갈 수 있는 숫자들을 모두 쓰시오.(20~21)

20 92 < 9□   (   )

21 77 < □9   (   )

 사고력 학습

♣ 이름 :

♣ 날짜 :

♣ 시간 :　　시　　분~　　시　　분

확인

1 78과 82 사이에 있는 수를 모두 쓰시오.

[답]

2 87보다 크고 92보다 작은 수를 모두 쓰시오.

[답]

3 예순아홉보다 크고 일흔둘보다 작은 수를 모두 쓰시오.

[답]

4 10개씩 9묶음과 낱개가 4개인 수보다 낱개가 4개 더 많은 수는 어떤 수입니까?

[답]

5 99 다음의 수는 어떤 수입니까?

[답]

6 빨간색 선으로 둘러싸인 수들에는 어떤 규칙이 있습니까?

81	82		84	85
86	87		89	90
91	92		94	95
96	97		99	100

[답]

다음은 누리네 모둠 어린이들이 넘은 줄넘기 횟수입니다. 물음에 답하시오.
(7~8)

누리	은별	다혜	샛별	보람	한별
69	4☐	70	9☐	59	71

7 누가 가장 많이 넘었습니까?

[답]

8 누리가 2번 더 넘는다면 누구와 똑같게 됩니까?

[답]

✿ 이름 :

✿ 날짜 :

✿ 시간 :　시　분 ~ 시　분

확인

🔵 창의력 학습

다음은 어느 해 4월의 달력입니다.

달력에서 색을 칠한 규칙에 따라 나머지 부분에 색칠하시오.

일	월	화	수	목	금	토
	1	2	3	4	5	6
7	8	9	10	11	12	13
14	15	16	17	18	19	20
21	22	23	24	25	26	27
28	29	30				

친구들과 재미있는 숫자 놀이를 하여 봅시다.

〈게임 방법〉

1. 자기의 말과 순서를 정합니다.
2. 순서대로 주사위를 던져서 나온 수만큼 말을 옮깁니다.
3. 게임판의 숫자 중에서 ♣에 도착하면 10만큼 더 큰 수로 이동합니다.
   그러나 ◆에 도착하면 10만큼 더 작은 수로 되돌아가야 합니다.
4. 먼저 숫자 100에 도착하는 사람이 이깁니다.

출발 51	52	53	♣ 54	55	56	57	♣ 58	59	60
61	♣ 62	63	64	◆ 65	♣ 66	67	68	69	70
71	♣ 72	73	◆ 74	75	76	◆ 77	78	79	80
◆ 81	82	83	◆ 84	85	♣ 86	87	◆ 88	89	90
91	92	♣ 93	94	95	96	97	◆ 98	99	도착 100

✿ 이름 :

✿ 날짜 :

✿ 시간 :　시　분～　시　분

확인

✚ 경시 대회 예상 문제

1 □안에 알맞은 말이나 수를 써넣으시오.

(1) ☐ ─ 여든 ─ 일흔 ─ ☐ ─ 쉰 ─ ☐

(2) 100 ─ 95 ─ ☐ ─ ☐ ─ 80 ─ ☐ ─ 70

2 □안에 알맞은 수를 써넣으시오.

(1) ☐ ←─3 작은 수── **50** ──3 큰 수─→ ☐

(2) ☐ ←─5 작은 수── **50** ──5 큰 수─→ ☐

3 90보다 작은 두 자리 수 중에서 86보다 큰 수는 모두 몇 개입니까?

[답]

4 96보다 큰 두 자리 수는 모두 몇 개입니까?

[답]

5 다솔이 옆집 할아버지의 연세는 85세이고, 다솔이 외할머니의 연세는 옆집 할아버지보다 20세가 더 적습니다. 다솔이 외할머니의 연세는 몇 세입니까?

[답]

6 84는 94보다 얼마 더 작은 수입니까?

[답]

7 97은 77보다 얼마 더 큰 수입니까?

[답]

8 가방 속에 색종이가 10장씩 7묶음과 낱장으로 6장 있습니다. 몇 장 더 있으면 10장씩 8묶음이 됩니까?

[답]

9 어떤 두 자리 수가 있습니다. 십의 자리 숫자는 일의 자리 숫자보다 6만큼 더 크고, 두 숫자의 합은 12입니다. 어떤 두 자리 수를 구하시오.

[답]

10 3장의 숫자 카드 $\boxed{0}$, $\boxed{6}$, $\boxed{8}$ 이 있습니다. 이 중에서 2장을 뽑아서 두 자리 수를 만들 때, 둘째 번으로 큰 수를 구하시오.

[답]

11 빈칸에 알맞은 수를 써넣고 물음에 답하시오.

24	28	32	36	
44		52	56	
	68		76	
	88		96	

(1) 빨간색 선으로 둘러싸인 수들에는 어떤 규칙이 있습니까?

[답]

(2) 파란색 선으로 둘러싸인 수들에는 어떤 규칙이 있습니까?

[답]

12 100보다 10 작은 수는 80보다 얼마 더 큰 수입니까?

[답]

13 줄넘기를 넘었습니다. 친구는 쉰세 번 넘었고, 나는 친구보다 10번 더 많이 넘었습니다. 또, 형은 나보다 10번 더 많이 넘었습니다. 물음에 답하시오.

(1) 형은 몇 번 넘었습니까?

[답]

(2) 형은 친구보다 몇 번 더 많이 넘었습니까?

[답]

(3) 내가 형보다 10번 더 많이 넘으려면, 몇 번 더 넘어야 합니까?

[답]

14 사과 90개를 한 상자에 10개씩 담으려고 합니다. 상자는 모두 몇 개 있어야 합니까?

[답]

15 100과 50의 차는 얼마입니까?

[답]

사고력도 탄탄! 창의력도 탄탄!
기탄고력수학

E4

E196a ~ E210b

학습 관리표

학습 내용		이번 주는?
여러 가지 모양	· 여러 가지 모양 알아보기, 찾아보기 · 여러 가지 모양 만들기, 그리기 · 규칙 찾기 · 창의력 학습 · 경시 대회 예상 문제	• 학습 방법 : ① 매일매일 ② 가끔 ③ 한꺼번에 　　　　　　하였습니다. • 학습 태도 : ① 스스로 잘 ② 시켜서 억지로 　　　　　　하였습니다. • 학습 흥미 : ① 재미있게 ② 싫증내며 　　　　　　하였습니다. • 교재 내용 : ① 적합하다고 ② 어렵다고 ③ 쉽다고 　　　　　　하였습니다.

지도 교사가 부모님께	부모님이 지도 교사께

평가	Ⓐ 아주 잘함	Ⓑ 잘함	Ⓒ 보통	Ⓓ 부족함

원(교)　　　　반　이름　　　　전화

기초부터 탄탄하게
G 기탄교육
www.gitan.co.kr / (02)586-1007(대)

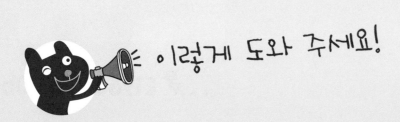

이렇게 도와 주세요!

● 학습 목표

– 여러 가지 물건들을 관찰하여 네모, 세모, 동그라미 모양을 찾을 수 있고, 이들 모양의 물건을 이용하여 재미있는 모양을 만들고 꾸밀 수 있다.

– 생활 주변의 여러 가지 물체나 무늬 등의 배열에서 그 규칙을 찾을 수 있다.

– 여러 가지 물건을 모양에 따라 분류하고 분류된 물건의 특징을 찾을 수 있다.

● 지도 내용

– ☐ 모양은 네모 모양, 공책 모양, 사각형 모양, ……으로 부를 수 있다. 그런데 우리는 네모 모양이라고 부르기로 약속한다.

– ▲ 모양은 세모 모양, 삼각자 모양, 삼각형 모양, ……으로 부를 수 있다. 그런데 우리는 세모 모양이라고 부르기로 약속한다.

– ◯ 모양은 동그라미 모양, 동전 모양, 원 모양, ……으로 부를 수 있다. 그런데 우리는 동그라미 모양이라고 부르기로 약속한다.

– 네모, 세모, 동그라미 모양을 찾아보고, 이들을 본뜨면 어떤 모양이 되는지 알아보게 한다.

– 색종이로 네모, 세모, 동그라미 모양을 오린 후 여러 가지 모양을 만들어 보게 한다.

– 점판 위에 여러 가지 네모, 세모 모양을 그려 보게 한다.

– 여러 가지 모양을 놓아 보고, 규칙을 찾아보게 한다.

● 지도 요점

구체적인 사물의 모양에서 네모, 세모, 동그라미 모양을 찾고, 그 특징을 직관적으로 파악하게 합니다. 기본적인 평면도형의 개념에 친숙해지도록 네모, 세모, 동그라미 모양의 일상적인 용어를 사용하여 나타내도록 합니다.

구체물을 본뜨는 활동을 통하여 평면도형을 이해하게 하고, 기본 평면도형의 모양을 오린 후 여러 가지 모양을 만들어 보는 활동을 통하여 기본 평면도형의 기초 개념을 이해하게 합니다.

사물이나 무늬 등의 규칙적인 배열에서 규칙을 찾고, 이것을 자신이 정한 규칙에 따라 다시 배열할 수 있게 합니다. 아이들은 주어진 규칙적인 배열(패턴)에서 배열의 기본 단위를 확인하고 그 배열에 대한 새로운 표현을 만들어 내는 것입니다.

✿ 이름 :

✿ 날짜 :

✿ 시간 :　　시　　분 ~　　시　　분

확인

◆ 왼쪽 물건을 종이 위에 대고 그리면 오른쪽 모양이 됩니다.

 ▷ 네모 모양

　　모양은 네모 모양, 공책 모양,
사각형 모양, ……으로 부를 수 있어.
그런데 우리는 네모 모양이라고
부르기로 약속해!

 ▷ 세모 모양

　　모양은 세모 모양, 삼각자 모양,
삼각형 모양, ……으로 부를 수 있어.
그런데 우리는 세모 모양이라고
부르기로 약속해!

 ▷ 동그라미 모양

　　모양은 동그라미 모양, 동전 모양,
원 모양, ……으로 부를 수 있어.
그런데 우리는 동그라미 모양이라고
부르기로 약속해!

1 서로 관계있는 것끼리 선으로 이으시오.

·　　　　　　　·　　　　　　　·

·　　　　　　　·　　　　　　　·

👻 다음은 어떤 모양입니까? ( ) 안에 알맞은 이름을 써넣으시오.(2~4)

2 　　(　　　　　　　　)

3 　　(　　　　　　　　)

4 　　(　　　　　　　　)

👻 다음과 같은 모양의 물건을 2개씩 써 보시오.(5~7)

5 　동전과 같은 모양

6 　동화책과 같은 모양

7 　삼각자와 같은 모양

E-197a

✿ 이름 :

✿ 날짜 :

✿ 시간 : 　시　　분 ～ 　시　　분

확인

🐸 100원짜리 동전과 500원짜리 동전을 종이 위에 대고 그리면 어떤 모양이 되는지 ☐ 안에 그리시오.(1~2)

1

100원짜리 동전

2

500원짜리 동전

🐸 지우개와 주사위를 종이 위에 대고 그리면 어떤 모양이 되는지 ☐ 안에 그리시오.(3~4)

3

지우개

4

주사위

사고력 학습

E-197b

🐹 다음 물건을 종이 위에 대고 그리면 어떤 모양이 나옵니까? (   ) 안에 알
맞은 이름을 써넣으시오.(5~10)

5

(   )

6

(   )

7

(   )

8

(   )

9

(   )

10

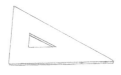

(   )

✿ 이름 :

✿ 날짜 :

✿ 시간 :   시   분 ~   시   분

확인

🐸 다음과 같은 모양을 2개씩 그리시오.(1~3)

1   동그라미 모양

2   네모 모양

3   세모 모양

4 동그라미 모양 7개로 꽃 모양을 만들어 보시오.

5 관계있는 것끼리 선으로 이으시오.

E-199a

★ 이름 :

★ 날짜 :

★ 시간 : 　시　　분~　시　　분

확인

🐸 다음 물건을 종이 위에 대고 그리면 어떤 모양이 되는지 빈칸에 그리시오.
(1~5)

1　필통

2　접시

3　컵

4　삼각자

5　주사위

사고력 학습

6 관계있는 것끼리 선으로 이으시오.

 •

• 네모 모양

 •

• 세모 모양

 •

• 동그라미 모양

 •

E-200a

✿ 이름 :

✿ 날짜 :

✿ 시간 :　　시　　분 ~　　시　　분

확인

1 색종이를 오려서 그림과 같은 모양을 만드시오.

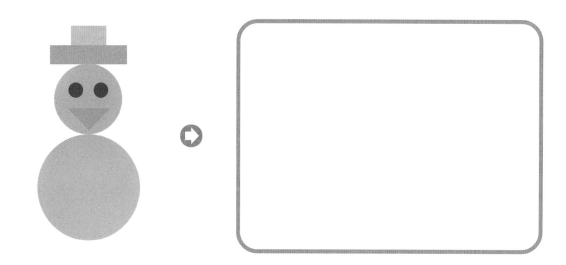

2 점판 위에 세모를 2개 그리시오.

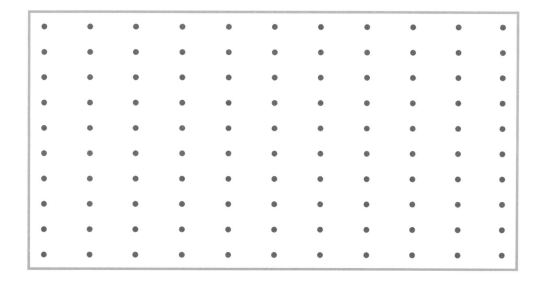

사고력 학습

👻 다음과 같은 종이를 점선을 따라 자르면 어떤 모양이 몇 개 나오는지 알아
보시오. (3~6)

3

4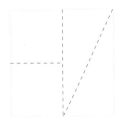

5

6

★ 이름 :

★ 날짜 :

★ 시간 :　　시　　분 ~　　시　　분

확인

1 성냥개비로 다음과 같은 모양을 만들었습니다. 세모 모양은 몇 개 입니까?

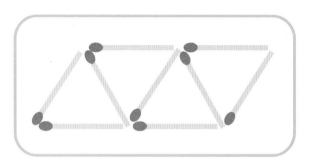

[답]

🐸 왼쪽과 같은 모양을 오른쪽 점판에 똑같이 그리시오.(2~3)

2

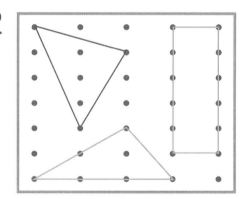

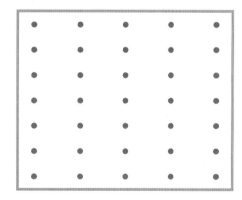

3

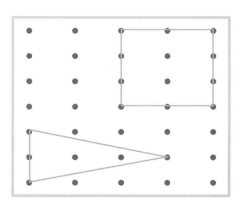

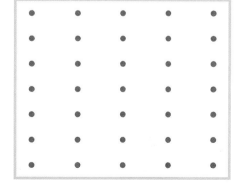

👻 다음 □ 안에 알맞은 수나 말을 써넣으시오.(4~6)

4 네모는 □ 개의 점을 곧은 선으로 이은 것입니다.

5 세모는 3개의 점을 □ 선으로 이은 것입니다.

6 □ 는 동전과 같은 물건을 종이 위에 대고 그린 모양입니다.

7 서로 관계있는 것끼리 선으로 이으시오.

 사고력 학습

✿ 이름 :

✿ 날짜 :

✿ 시간 :　　　　시　　　분 ~ 　　시　　　분

확인

🐸 다음 그림에서 네모는 빨간색, 세모는 노란색, 동그라미는 초록색을 칠하시
오.(1~2)

1

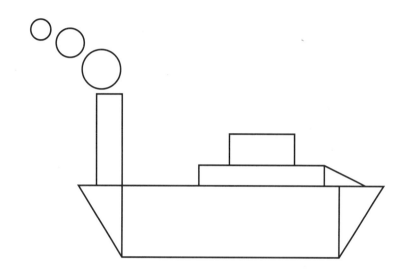

2

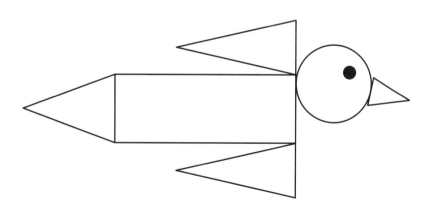

3 그림을 보고 빈칸에 알맞은 수를 써넣으시오.

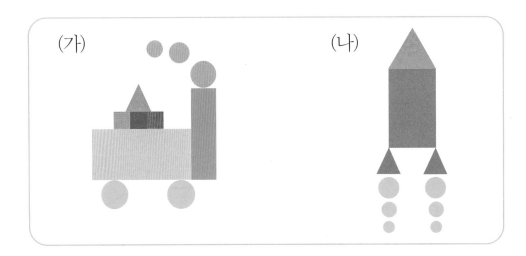

	세모 모양	네모 모양	동그라미 모양
(가)	개	개	개
(나)	개	개	개

👻 다음 모양의 이름을 쓰시오.(4~6)

4

(   )

5

(   )

6

(   )

✿ 이름 :

✿ 날짜 :

✿ 시간 :　　시　　분 ~　　시　　분

확인

🐸 다음 그림에서 세모, 네모, 동그라미 모양은 각각 몇 개인지 쓰시오.(1~2)

1

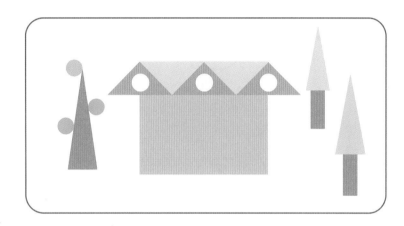

(1) 세모 모양 : ☐ 개　　(2) 네모 모양 : ☐ 개

(3) 동그라미 모양 : ☐ 개

2

(1) 세모 모양 : ☐ 개　　(2) 네모 모양 : ☐ 개

(3) 동그라미 모양 : ☐ 개

3 모양이 같은 것끼리 선으로 이으시오.

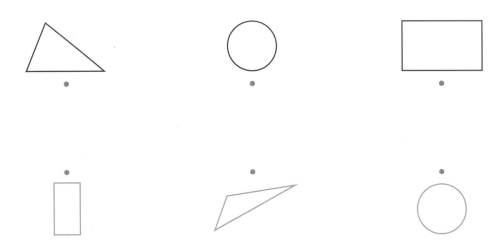

4 그림을 보고 알맞은 모양의 번호를 모두 쓰시오.

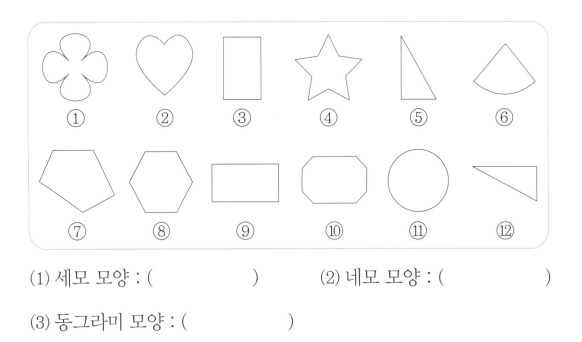

(1) 세모 모양 : (   )   (2) 네모 모양 : (   )

(3) 동그라미 모양 : (   )

✿ 이름 :

✿ 날짜 :

✿ 시간 :　시　분 ~　시　분

확인

1 규칙에 따라 빈 곳에 색칠하시오.

2 규칙에 따라 빈 곳에 색칠하시오.

3 규칙에 따라 ☐ 안에 알맞은 모양을 그리시오.

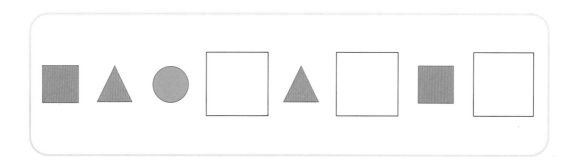

사고력 학습

👻 다음 그림을 보고 규칙을 찾아 ☐ 안에 알맞은 말을 써넣으시오.(4~6)

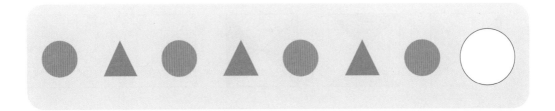

4 동그라미 모양과 [   ] 모양이 되풀이되고 있습니다.

5 세모 모양 앞에는 언제나 [   ] 모양이 옵니다.

6 ○ 안에 들어갈 모양은 [   ] 모양입니다.

7 밑줄 친 곳에 알맞은 모양을 그려 넣으시오.

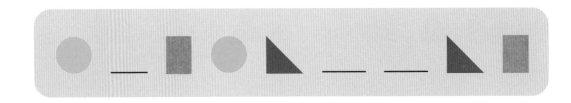

✿이름 :

✿날짜 :

✿시간 :　　　　시　　　분 ~　　　시　　　분

확인

🐸 다음 물음에 답하시오.(1~3)

| 1 | 2 | ☐ | 1 | ☐ | 3 | ☐ | 2 | 3 | ☐ | 2 | 3 |

1 ☐ 안에 알맞은 숫자를 써넣으시오.

2 1, 2, ☐ 의 숫자가 되풀이되고 있습니다.

3 숫자 3 앞에는 언제나 숫자 ☐ 가 옵니다.

🐸 다음 물음에 답하시오.(4~5)

| 9 | ☐ | 5 | 9 | 7 | ☐ | 9 | 7 | 5 | ☐ | 7 | 5 |

4 ☐ 안에 알맞은 숫자를 써넣으시오.

5 숫자 5 앞에는 언제나 숫자 ☐ 이 옵니다.

E-205b

👻 규칙에 따라 빈 곳에 색칠하시오.(6~9)

6

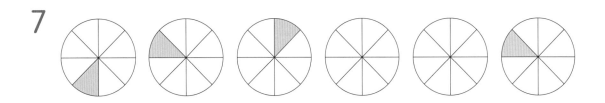

7

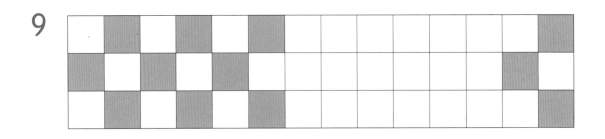

8

9

♣ 이름 :

♣ 날짜 :

♣ 시간 : 　시　분~　시　분

🐸 규칙에 따라 빈 곳에 알맞은 모양을 그려 넣으시오. (1~4)

1

2

3

4

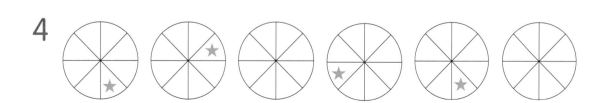

규칙에 따라 ☐ 안에 알맞은 모양을 그려 넣으시오.(5~7)

5

6

7

8 규칙을 정하여 빈칸에 노란색과 초록색을 칠하여 보시오.

사고력 학습

✿ 이름 :

✿ 날짜 :

✿ 시간 :　　시　　분 ~　　시　　분

확인

🐸 규칙에 따라 빈 곳에 색칠하시오.(1~3)

1
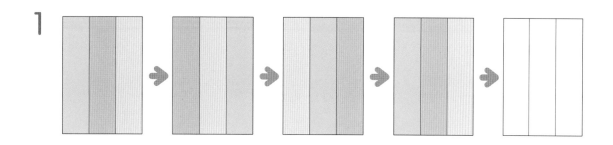

2
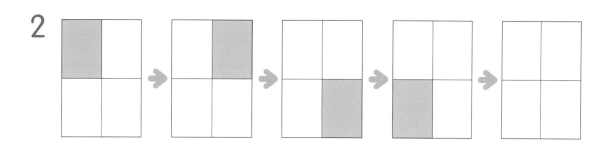

3
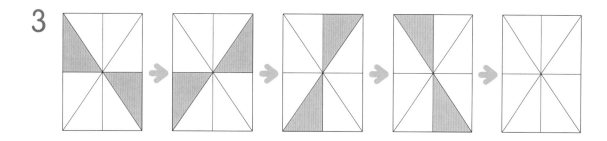

4   △, □, ○를 사용하여 규칙을 정한 다음 차례로 늘어놓아 보시오.

5   숫자를 사용하여 규칙을 정한 다음 차례로 늘어놓아 보시오.

6   규칙을 정하여 빈 곳에 색칠하여 보시오.

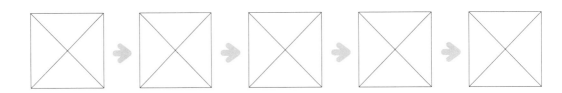

✿ 이름 :

✿ 날짜 :

✿ 시간 :　　시　　분 ~　　시　　분

확인

🌐 창의력 학습

색종이를 네모, 세모, 동그라미 모양으로 오려서 여러 가지 모양을 만들어 보시오.

예

E-208b

작은 세모 모양의 넓이는 1입니다. 넓이가 4인 세모 모양은 모두 몇 개
입니까?

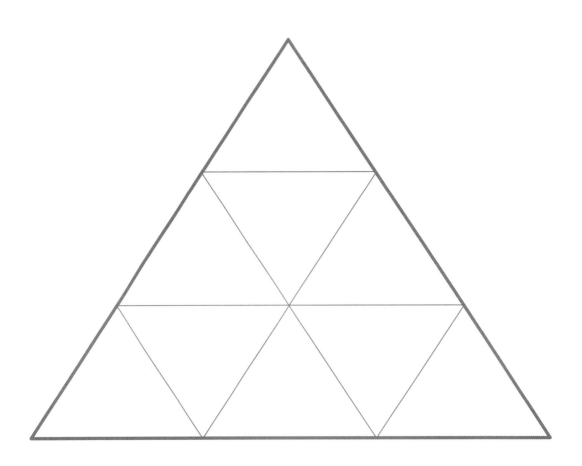

힌트 △ 의 넓이 : 1   ▱ 의 넓이 : 2   의 넓이 : 9

▱ 의 넓이 : 3

 창의력 학습

✿ 이름 :

✿ 날짜 :

✿ 시간 :　　　시　　　분 ~　　　시　　　분

확인

➕ 경시 대회 예상 문제

1 색종이를 오려서 다음과 같은 모양을 만들었습니다. 물음에 답하시오.

(1) 네모, 세모, 동그라미 모양은 각각 몇 개입니까?

네모 모양 (　　　　　　　　　),　　　세모 모양 (　　　　　　　　　)

동그라미 모양 (　　　　　　　　　)

(2) 개수가 가장 많은 모양과 가장 적은 모양의 차는 몇 개입니까?

[답]

2 왼쪽에 그린 네모 모양과 다른 네모 모양을 **2**개 그려 보시오.

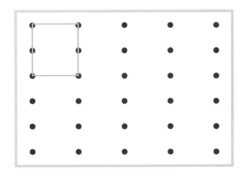 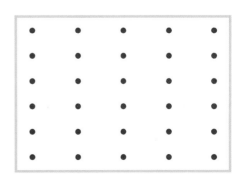

3 왼쪽 그림과 같은 색종이 조각 몇 개를 이어 붙였더니 오른쪽 그림과 같은 모양이 되었습니다. 색종이 조각 몇 개를 이어 붙였습니까?

(1)

[답]

(2)

[답]

(3)

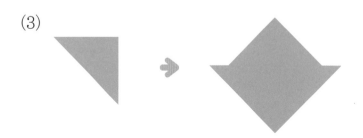

[답]

4 규칙에 따라 빈칸에 색칠하시오.

5 규칙에 따라 □ 안에 알맞은 모양을 그리시오.

(1)

(2)
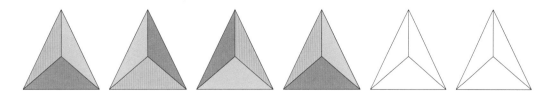

6 규칙에 따라 빈 곳에 색칠하시오.

7 그림과 같은 방법으로 성냥개비 4개로 이루어진 네모 모양을 3개 만들려고 합니다. 성냥개비는 모두 몇 개 있어야 합니까?

[답]

8 색종이를 점선을 따라 자르면 어떤 모양이 몇 개 나옵니까?

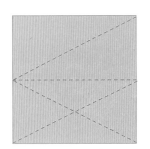

[답]

9 그림과 같이 종이를 반으로 접은 다음 점선을 따라 자르면 각 모양이 몇 개씩 나옵니까?

(1)

세모 모양 : (   )
네모 모양 : (   )

(2)

세모 모양 : (   )
네모 모양 : (   )

사고력도 탄탄! 창의력도 탄탄!

기탄고력수학

E4

.. 🐤 E211a ~ E225b

🐱 학습 관리표

학습 내용		이번 주는?
10을 가르기와 모으기 ①	· 10을 두 수로 가르기 · 10이 되도록 두 수를 모으기 · 창의력 학습 · 경시 대회 예상 문제	• 학습 방법 : ① 매일매일 ② 가끔 ③ 한꺼번에 　　　　　　하였습니다. • 학습 태도 : ① 스스로 잘 ② 시켜서 억지로 　　　　　　하였습니다. • 학습 흥미 : ① 재미있게 ② 싫증내며 　　　　　　하였습니다. • 교재 내용 : ① 적합하다고 ② 어렵다고 ③ 쉽다고 　　　　　　하였습니다.

지도 교사가 부모님께	부모님이 지도 교사께

평가	Ⓐ 아주 잘함	Ⓑ 잘함	Ⓒ 보통	Ⓓ 부족함

원(교)　　　　　반　　이름　　　　　　전화

기초부터 탄탄하게
G 기탄교육
www.gitan.co.kr / (02)586-1007(대)

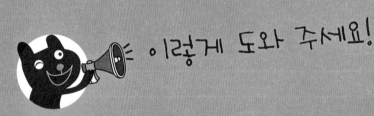

이렇게 도와 주세요!

● **학습 목표**
 – 10개의 구체물과 반구체물을 둘로 가를 수 있다.
 – 10을 두 수로 가를 수 있다.
 – 10개가 되도록 구체물과 반구체물을 모을 수 있다.
 – 10이 되도록 두 수를 모을 수 있다.

● **지도 내용**
 – 10개의 구체물과 반구체물을 두 묶음으로 갈라 보게 하고, 10을 두 수로 갈라 보게
  한다.
 – 구체물과 반구체물을 두 묶음으로 10이 되도록 모아 보게 하고, 10이 되도록 두 수
  를 모아 보게 한다.
 – 0과 10, 10과 0의 두 수로 갈라 보게 하고, 모아 보게 한다.
 – 10을 두 수로 가르기와 10이 되도록 두 수를 모으기 함으로써 10의 보수관계를 익
  히게 한다.

● **지도 요점**
 9 이하인 수의 범위에서 두 수로 가르기와 합이 9 이하인 두 수를 모으기 활동을 바
 탕으로, 10을 두 수로 가르기와 10이 되도록 두 수를 모으기를 이해하게 합니다.
 10을 두 묶음으로 가르는 여러 가지 경우와 10이 되게 두 수를 모으는 여러 가지 경
 우를 경험하도록 지도합니다.

✿ 이름 :

✿ 날짜 :

✿ 시간 :　　시　　분 ～　　시　　분

확인

🐸 다음 그림의 개수를 둘로 갈라서 빈칸에 ◯를 그려 넣으시오.(1~8)

1

2

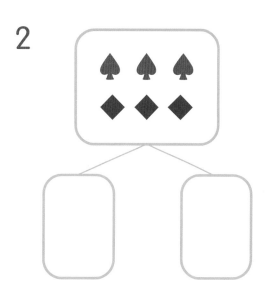

3

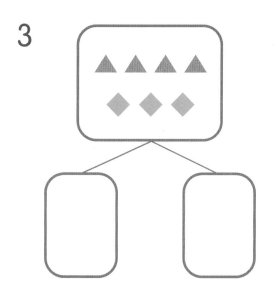

4

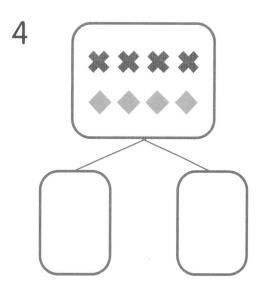

5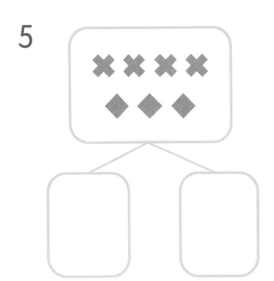

6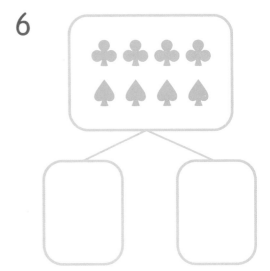

7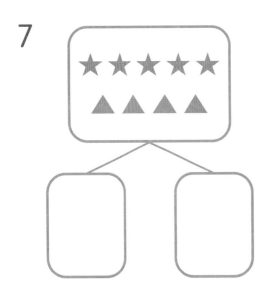

8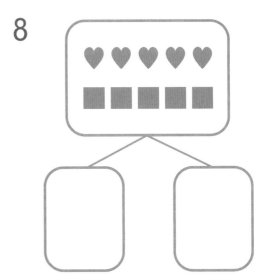

❀ 이름 :

❀ 날짜 :

❀ 시간 :　　　시　　분 ~　　시　　분

확인

🐸 다음 빈칸에 알맞은 수만큼 ○를 그려 넣으시오.(1~4)

1

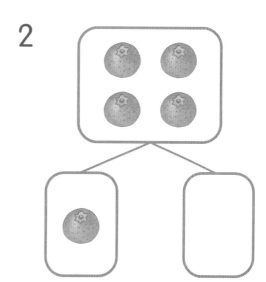

2

3

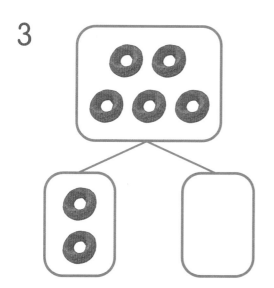

4

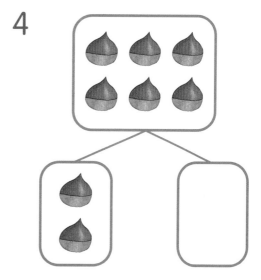

사고력 학습

다음 빈칸에 알맞은 수만큼 △를 그려 넣으시오.(5~8)

5
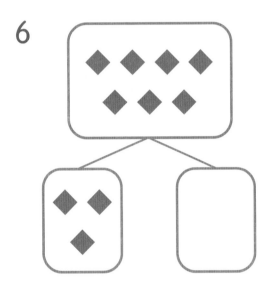

6

7
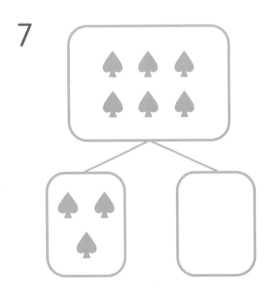

8
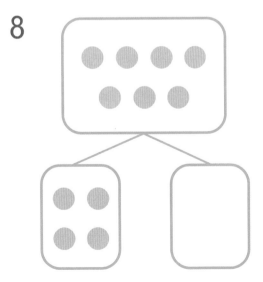

E-213a

★ 이름 :

★ 날짜 :

★ 시간 :   시   분 ~   시   분

확인

🐸 다음 빈칸에 알맞은 그림을 그려 넣으시오.(1~2)

1

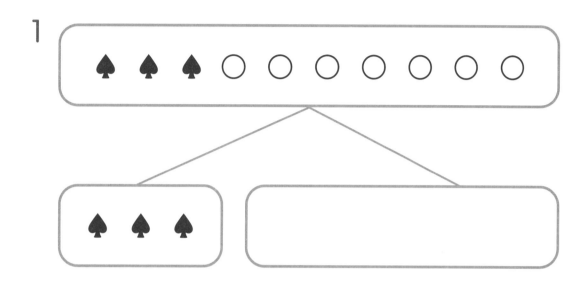

2

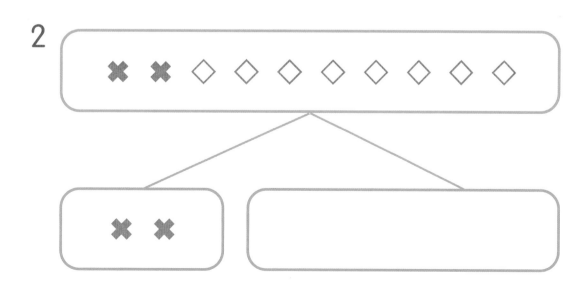

👻 다음 빈칸에 알맞은 수만큼 ○를 그려 넣으시오.(3~4)

3
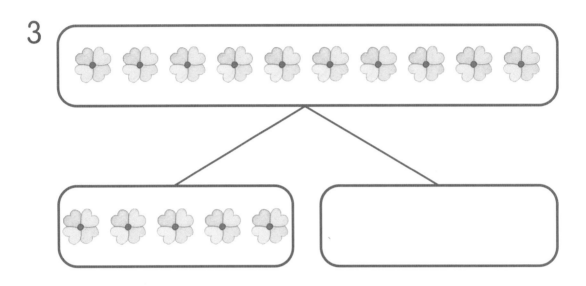

4
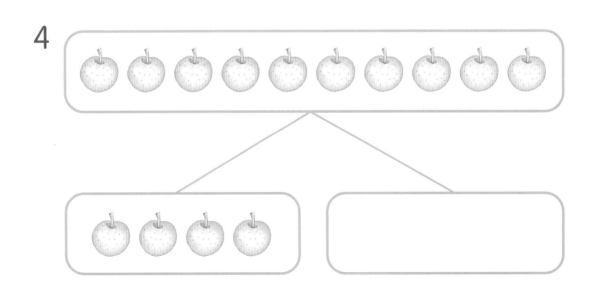

✿ 이름 :

✿ 날짜 :

✿ 시간 : 시 분 ~ 시 분

확인

😃 다음 그림을 보고 빈칸에 알맞은 수를 써넣으시오.(1~2)

1

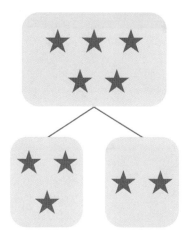

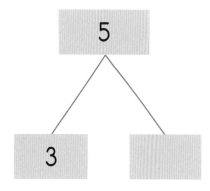

2

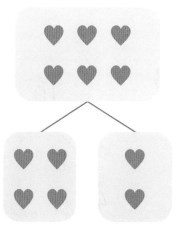

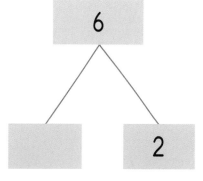

👻 다음 빈칸에 알맞은 수를 써넣으시오.(3~8)

3
```
      5
     / \
    4   []
```

4
```
      6
     / \
    4   []
```

5
```
      7
     / \
    4   []
```

6
```
      8
     / \
    4   []
```

7
```
      9
     / \
    4   []
```

8
```
      10
     / \
    4   []
```

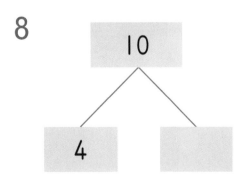

사고력 학습

E-215a

✿이름 :

✿날짜 :

✿시간 :　시　분～　시　분

다음 빈칸에 알맞은 수를 써넣으시오.(1~6)

1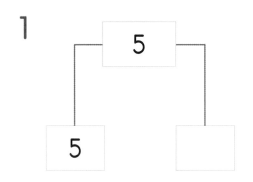

2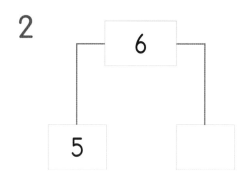

3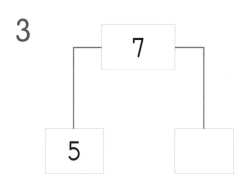

4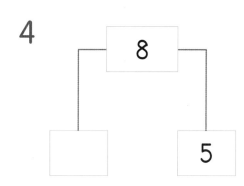

5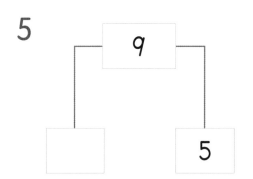

6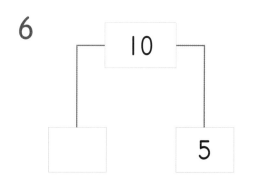

사고력 학습

👻 다음 빈 곳에 알맞은 수를 써넣으시오.(7~12)

7
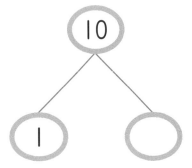

8
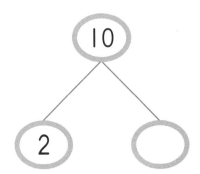

9
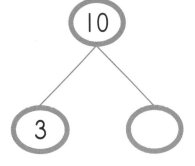

10
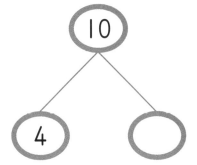

11
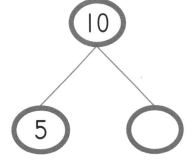

12
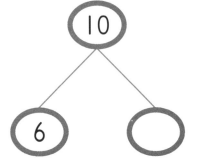

 사고력 학습

✿이름 :

✿날짜 :

✿시간 :　　시　　분 ~　　시　　분

확인

🐸 다음 빈 곳에 알맞은 수를 써넣으시오.(1~6)

1
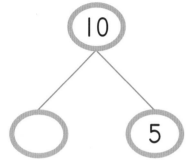

2
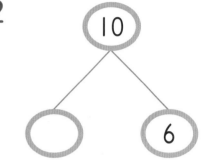

3
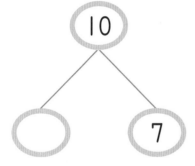

4
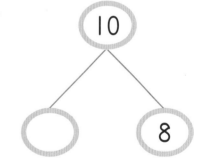

5
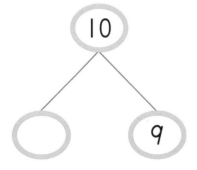

6
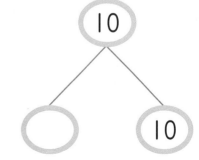

E-216b

다음 빈칸에 알맞은 수를 써넣으시오.(7~12)

7

10 — 0 / [ ]

8

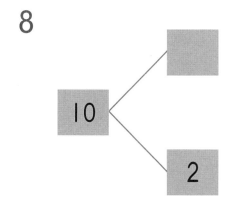

10 — [ ] / 2

9

10 — 1 / [ ]

10

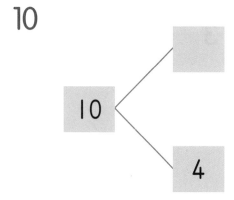

10 — [ ] / 4

11

10 — 3 / [ ]

12

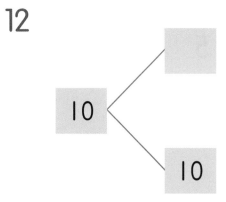

10 — [ ] / 10

사고력 학습

E-217a

❀ 이름 :

❀ 날짜 :

❀ 시간 :   시   분 ~   시   분

확인

😀 ⬤ 안의 수를 두 수로 갈라 보시오.(1~3)

1 ⑨

0	I	2	3	4	5	6	7	8	9
			6					I	

2 ⑥

0	I	2	3	4	5	6

3 ⑤

0	I	2	3	4	5

사고력 학습

4 7을 두 수로 갈라 보시오.

7	0	1	2	3	4	5	6	7
			5		3		1	

5 8을 두 수로 갈라 보시오.

8	0	1	2	3	4	5	6	7	8
	8	7					2		

6 10을 두 수로 갈라 보시오.

10	0	1	2	3	4	5	6	7	8	9	10
	10	9			6	5					

E-218a

✿ 이름 :

✿ 날짜 :

✿ 시간 :　　시　　분 ~ 　　시　　분

확인

😃 다음 그림을 보고 빈칸에 알맞은 수를 써넣으시오.(1~3)

1

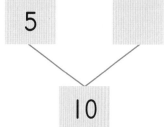

2

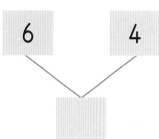

3

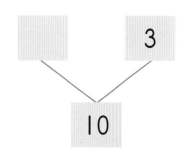

사고력 학습

다음 빈칸에 알맞은 수를 써넣으시오.(4~9)

4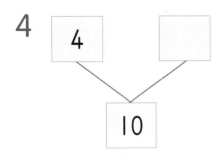

5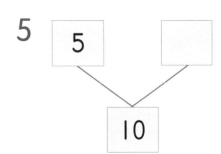

6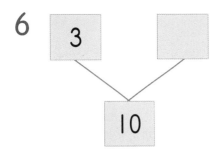

7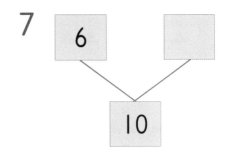

8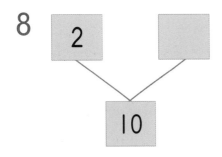

9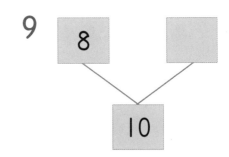

사고력 학습

✿ 이름 :

✿ 날짜 :

✿ 시간 : 시   분 ~   시   분

확인

🐸 다음 빈칸에 알맞은 수를 써넣으시오.(1~6)

1
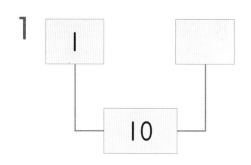

2
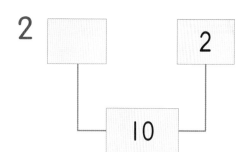

3
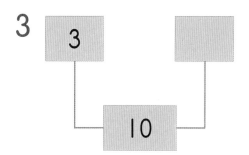

4
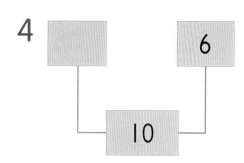

5
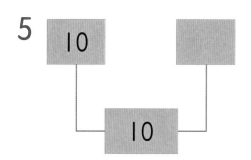

6
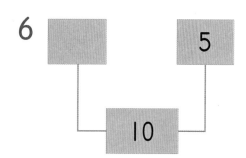

E-219b

👻 다음 빈 곳에 알맞은 수를 써넣으시오.(7~12)

7
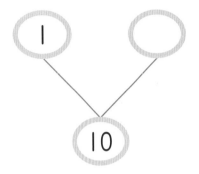

8
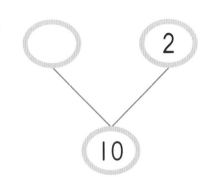

9
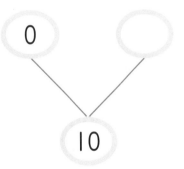

10
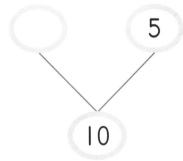

11
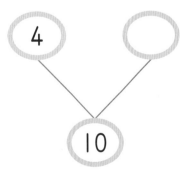

12
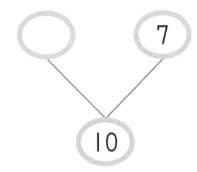

E-220a

✿ 이름 :

✿ 날짜 :

✿ 시간 : 시 분 ~ 시 분

확인

1 모아서 10이 되도록 두 수를 묶으시오.

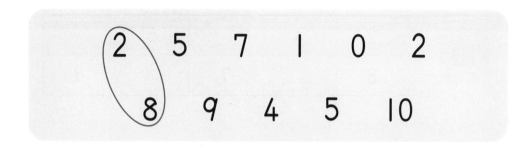

🐸 규칙에 따라 빈칸에 알맞은 수를 써넣으시오. (2~5)

2

	5	
4	10	6
	5	

3

3	10	
	0	

4

2		9
	10	
1		8

5

		7
	10	
		10

사고력 학습

E-220b

👻 10이 되도록 두 수를 모아 보시오.(6~7)

6 | 10 |

2	4		5	
8		7		9

7 | 10 |

0		10		6
10	3		1	

👻 다음 빈칸에 알맞은 수를 써넣으시오.(8~9)

8
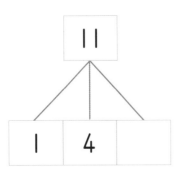

9
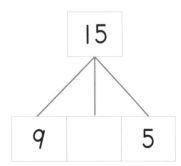

🚗 사고력 학습

✿이름 :

✿날짜 :

✿시간 :　　시　　분 ～　　시　　분

🐸 다음 빈칸에 알맞은 수를 써넣으시오.(1~6)

1
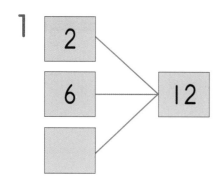

2
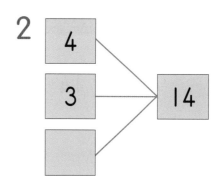

3
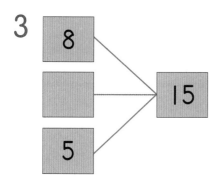

4
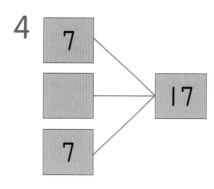

5
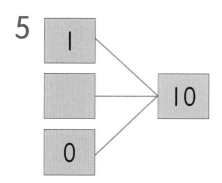

6
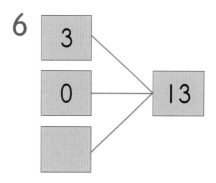

👻 다음 빈칸에 알맞은 수를 써넣으시오.(7~14)

7

6		4
14		

8

7		3
14		

9

8	9	
19		

10

5	8	
18		

11

10		7
17		

12

0		2
12		

13

	2	5
15		

14

	1	1
11		

✿ 이름 :

✿ 날짜 :

✿ 시간 :　　시　　분 ~ 　　시　　분

확인

1　달걀 10개 중에서 3개를 먹었습니다. 남은 달걀은 몇 개입니까?

[답]

2　색종이 10장을 언니와 동생이 똑같이 나누어 가졌습니다. 동생은 몇 장을 가졌습니까?

[답]

3　민정이는 귤을 10개 가지고 있었습니다. 민서에게 귤을 몇 개 주었더니 2개가 남았습니다. 민정이가 민서에게 준 귤은 몇 개입니까?

[답]

4　사탕이 10개 있습니다. 형과 동생이 나누어 가지려고 합니다. 형이 동생보다 6개 더 많이 가진다면 동생은 몇 개 가져야 합니까?

[답]

5 초콜릿을 사서 동생과 5개씩 나누어 가졌습니다. 초콜릿을 몇 개 샀습니까?

[답]

6 바나나가 4개 있습니다. 엄마가 시장에서 또 사 오셔서 모두 10개가 되었습니다. 엄마는 바나나를 몇 개 사 오셨습니까?

[답]

7 과일 바구니에 사과와 배가 모두 10개 있습니다. 사과는 배보다 4개 더 많습니다. 배는 몇 개입니까?

[답]

8 형과 동생이 가지고 있는 장난감 자동차는 모두 10대입니다. 동생은 형보다 2대 더 많이 가지고 있습니다. 형이 가지고 있는 장난감 자동차는 몇 대입니까?

[답]

✿이름 :

✿날짜 :

✿시간 :　시　분~　시　분

확인

창의력 학습

기탄마을에 비가 많이 왔습니다. 비가 그치자 거리의 모습이 좀 이상해졌습니다. 이상한 점들을 말해 보시오.

구슬을 10개씩 실에 꿰어 놓았습니다. 그림을 보고 가르기와 모으기를
해 보시오.

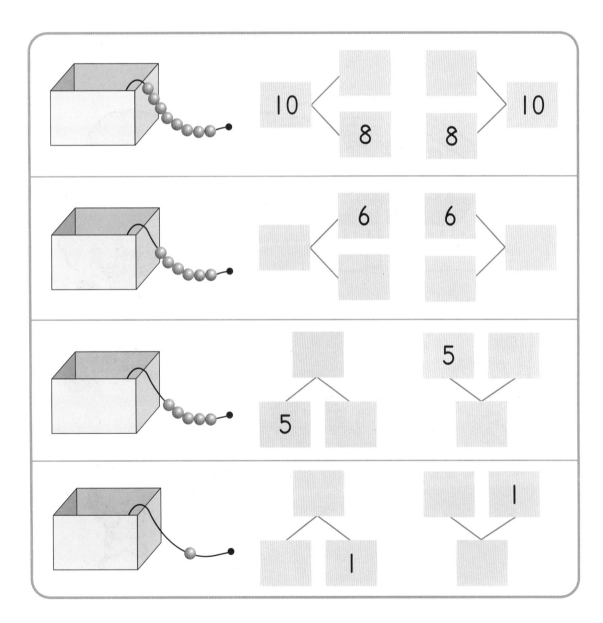

E-224a

★ 이름 :

★ 날짜 :

★ 시간 :　시　분~　시　분

확인

✚ 경시 대회 예상 문제

1 빈칸에 알맞은 수를 써넣으시오.

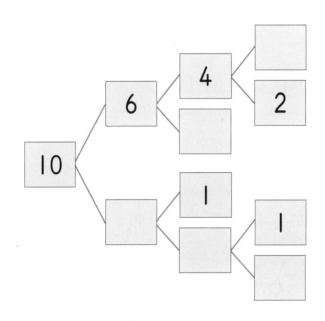

2 사탕 10개를 언니와 동생이 나누어 먹으려고 합니다. 언니가 2개 더 많이 먹으려면 동생은 몇 개를 먹어야 합니까?

[답]

3 색종이 16장을 보람, 하늘, 예슬 세 사람이 나누어 가졌습니다. 보람이가 6장을 갖고, 나머지를 하늘이와 예슬이가 똑같이 나누어 가지려고 합니다. 하늘이와 예슬이는 각각 몇 장씩 가지면 됩니까?

[답]　　　　　 ,

경시 대회 예상 문제

4 규칙에 따라 빈칸에 알맞은 수를 써넣으시오.

(1)

★	3	★
2	10	
★	7	★

(2)

1	★	
★	10	★
6	★	9

5 모아서 10이 되도록 두 수를 묶으시오.

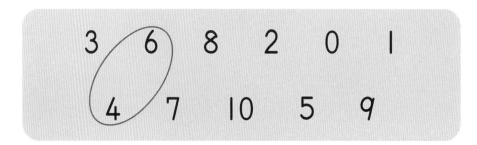

3 6 8 2 0 1

4 7 10 5 9

6 모으면 10이 되도록 빈칸에 알맞은 수를 써넣으시오.

10	3		6	
	7	0		10

7 빈칸에 알맞은 수를 써넣으시오.

(1)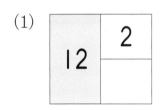

(2)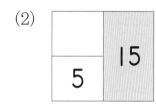

8 1부터 8까지의 수를 한 번씩만 사용하여 두 수를 모은 수가 10이 되는 경우는 몇 가지인지 알아보시오.(단, 두 수를 바꾸어 만드는 방법은 같은 것으로 봅니다.)

(1)

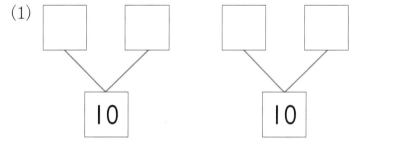

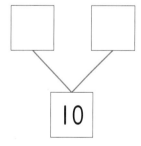

(2) 모두 ☐ 가지입니다.

9 꽃병에 장미가 3송이, 튤립이 2송이, 백합이 5송이 꽂혀 있습니다. 꽃병에 꽂혀 있는 꽃은 모두 몇 송이입니까?

[답]

10 어떤 세 수를 모으면 17이 됩니다. 그중에서 한 수는 7이고 나머지 두 수는 같습니다. 나머지 두 수는 각각 몇입니까?

[답]   ,

11 닭과 토끼가 모두 10마리 있습니다. 닭은 토끼보다 2마리 더 많습니다. 토끼는 몇 마리입니까?

[답]

12 빨간색 색종이 2장과 노란색 색종이 5장이 있습니다. 파란색 색종이가 몇 장 더 있으면 색종이가 모두 10장이 됩니까?

[답]

E4

..🐦 **E226a ~ E240b**

 ## 학습 관리표

학습 내용		이번 주는?
확인 학습	· 100까지의 수 · 여러 가지 모양 · 10을 가르기와 모으기 ① · 창의력 학습 · 경시 대회 예상 문제 · 성취도 테스트	• 학습 방법 : ① 매일매일　② 가끔　③ 한꺼번에 　　　　하였습니다. • 학습 태도 : ① 스스로 잘　② 시켜서 억지로 　　　　하였습니다. • 학습 흥미 : ① 재미있게　② 싫증내며 　　　　하였습니다. • 교재 내용 : ① 적합하다고　② 어렵다고　③ 쉽다고 　　　　하였습니다.

지도 교사가 부모님께	부모님이 지도 교사께

평가	Ⓐ 아주 잘함	Ⓑ 잘함	Ⓒ 보통	Ⓓ 부족함

원(교)　　　반　이름　　　　전화

G 기탄교육
기초부터 탄탄하게

www.gitan.co.kr / (02)586-1007(대)

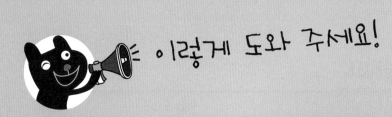

이렇게 도와 주세요!

● 학습 목표
– 100까지 수의 개념과 순서를 알고 읽을 수 있다.
– 어떤 수를 기준으로 해서 큰 수와 작은 수의 개념을 안다.
– 네모 모양, 세모 모양, 동그라미 모양을 하고 있는 사물에는 어떤 것이 있는지 알 수
  있다.
– 수와 모양의 배열을 통해 규칙을 찾아낼 수 있다.
– 여러 가지 방법으로 10을 가르고 모을 수 있다.

● 지도 내용
– 100까지 수의 순서를 알고, 두 수의 크기를 비교해서 부등호 >, <로 나타내어 보게
  한다.
– 10개씩 묶음과 낱개의 개념을 알고 이를 실제 상황에 적용시켜 여러 가지 문제를
  해결해 보게 한다.
– 여러 가지 물건을 모양에 따라 분류하고 특징을 찾아보게 한다.
– 수 배열 표나 사물의 배열 순서를 보고 규칙을 찾아보게 한다.

● 지도 요점
앞에서 학습한 100까지의 수, 여러 가지 모양, 10을 가르기와 모으기 ①의 확인 학습
주입니다. 시험을 본다는 생각으로 어린이가 학습한 내용을 잘 이해하고 활용할 수
있도록 합니다.
종이와 연필을 통한 학습이 끝나고 나면 실제 생활에 적용해 볼 수 있도록 지도합니다.

✿ 이름 :

✿ 날짜 :

✿ 시간 :   시   분 ~   시   분

확인

🐸 다음 ☐ 안에 알맞은 수를 써넣으시오.(1~3)

1 10개씩 8묶음 ————————
낱개 6개 ————————— ☐

2 10개씩 5묶음 ————————
낱개 16개 ———————— ☐

3 10개씩 4묶음 ————————
낱개 34개 ———————— ☐

🐸 다음 수를 보기와 같이 두 가지로 읽어 보시오.(4~6)

보기	24 : [이십사, 스물넷]

4   87 : [   ]

5   96 : [   ]

6   79 : [   ]

다음 █ 안의 수보다 I 작은 수에 △표 하시오.(7~8)

7 80 ─[69, 79, 89]   8 71 ─[50, 72, 70]

다음 빈칸에 알맞은 수를 써넣으시오.(9~10)

9

		81		83			86

10

92	91				88	87		

11 빈 곳에 알맞은 말을 써넣으시오.

마흔 – [   ] – 예순 – [   ] – [   ] – [   ]

E-227a

✿ 이름 :

✿ 날짜 :

✿ 시간 : 시   분 ~   시   분

확인

🐸 다음 ☐ 안에 알맞은 수를 써넣으시오.(1~6)

1

84 ➡ 10개씩 **8** 묶음

낱개 ☐ 개

2

96 ➡ 10개씩 **9** 묶음

낱개 ☐ 개

3

75 ➡ 10개씩 **6** 묶음

낱개 ☐ 개

4

98 ➡ 10개씩 **8** 묶음

낱개 ☐ 개

5

86 ➡ 10개씩 **6** 묶음

낱개 ☐ 개

6

92 ➡ 10개씩 **6** 묶음

낱개 ☐ 개

확인 학습

7 사과가 한 상자에 10개씩 들어가는 상자가 3개 있습니다. 사과 여든 개를 넣으려면 상자가 몇 개 더 있어야 합니까?

[답]

8 형과 나는 동화책을 모았습니다. 형은 10권씩 6묶음을 모았고, 나는 10권씩 3묶음을 모았습니다. 내가 몇 권을 더 모아야 형의 동화책 수와 같아지겠습니까?

[답]

9 귤이 파란 상자 안에는 70개 있고, 노란 상자 안에는 90개 있습니다. 귤의 수를 같게 하려면 노란 상자 안에 있는 귤 몇 개를 파란 상자 안에 옮겨 넣어야 합니까?

[답]

10 90보다 작은 두 자리 수 중에서 86보다 큰 수는 모두 몇 개 있습니까?

[답]

✿ 이름 :

✿ 날짜 :

✿ 시간 :　시　분 ~　시　분

확인

🐸 △ 안에는 ◯ 안의 수보다 **2** 작은 수를, ☐ 안에는 ◯ 안의 수보다 **2** 큰 수를 써넣으시오.(1~8)

1　△ ─ ◯61 ─ ☐

2　△ ─ ◯70 ─ ☐

3　△ ─ ◯여든 ─ ☐

4　△ ─ ◯아흔 ─ ☐

5　△ ─ ◯59 ─ ☐

6　△ ─ ◯89 ─ ☐

7　△ ─ ◯쉰 ─ ☐

8　△ ─ ◯예순 ─ ☐

👻 다음 수 배열 표를 보고 물음에 답하시오.(9~10)

11	12		14	15
16	17		19	20
21		23		
26	27		29	

9 빈칸에 알맞은 수를 써넣으시오.

10 빨간색 선으로 둘러싸인 수들에는 어떤 규칙이 있습니까?

[답]

11 수 배열 표에서 ◯ 안에 알맞은 수를 써넣으시오.

				74
				◯
	81	82		
				◯
◯				94

❀ 이름 :

❀ 날짜 :

❀ 시간 :   시   분 ~   시   분

확인

🐸 다음을 >, <를 사용하여 나타내시오.(1~2)

1 91은 89보다 큽니다.   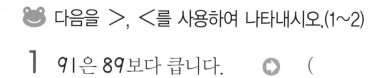   (   )

2 79는 83보다 작습니다.   ➡   (   )

🐸 0부터 9까지의 숫자 중에서 다음 □ 안에 들어갈 수 있는 숫자들을 모두 쓰시오.(3~4)

3 | 74 > 7□ | (   )

4 | 68 < □3 | (   )

🐸 다음 □ 안에 알맞은 수를 써넣으시오.(5~6)

5 □ ◀— 20 작은 수 — **77** — 20 큰 수 —▶ □

6 □ ◀— 15 작은 수 — **85** — 15 큰 수 —▶ □

확인 학습

👻 다음은 보라네 모둠 어린이들이 줄넘기를 넘은 횟수를 나타낸 것입니다. 물음에 답하시오.(7~9)

이름	보라	이슬	한별	다혜	다운	보람
횟수(회)	59	마흔셋	81	쉰셋	76	예순넷

7 줄넘기를 다혜보다 많이 넘은 사람은 몇 명입니까?

[답]

8 가장 많이 넘은 사람은 누구입니까?

[답]

9 다혜보다 10회 더 적게 넘은 사람은 누구입니까?

[답]

10 다음 두 자리 수는 어떤 수입니까?

- 십의 자리 숫자는 일의 자리 숫자보다 3 큽니다.
- 두 숫자의 합은 9입니다.

[답]

 확인 학습

확인

✿ 이름 :

✿ 날짜 :

✿ 시간 :　시　분 ~ 시　분

1 서로 관계있는 것끼리 선으로 이으시오.

 •

• 세모 모양 •

 •

• 네모 모양 •

 •

• 동그라미
모양

2 왼쪽에 있는 모양과 똑같이 오른쪽 점판에 그리시오.

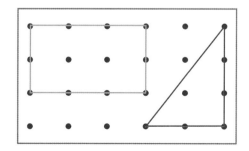 ➡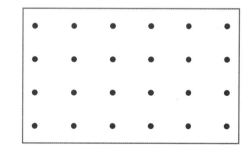

확인 학습

3 점판 위에 네모를 2개 그리시오.

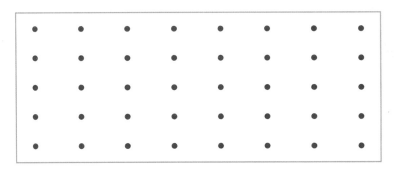

4 점판 위에 세모를 2개 그리시오.

5 점을 이어서 세모 모양과 네모 모양을 그리시오.

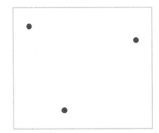 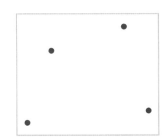

✿이름 :

✿날짜 :

✿시간 :   시   분~   시   분

🐸 다음 그림에서 각 모양의 개수를 세어 (   ) 안에 써넣으시오.(1~3)

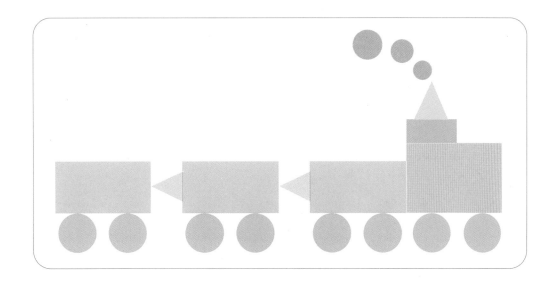

1 세모 모양 : (   )   **2** 네모 모양 : (   )

3 동그라미 모양 : (   )

4 성냥개비로 다음과 같은 모양을 만들었습니다. 성냥개비 4개로
이루어진 네모 모양은 모두 몇 개 있습니까?

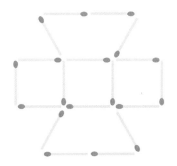

[답]

5 성냥개비로 다음과 같은 모양을 만들었습니다. 세모 모양은 모두 몇 개 있습니까?

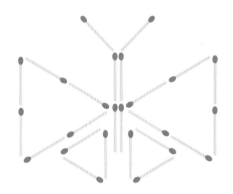

[답]

6 점선을 따라 가위로 오렸을 때 만들어지는 네모 모양을 모두 찾아 파란색으로 칠하시오.

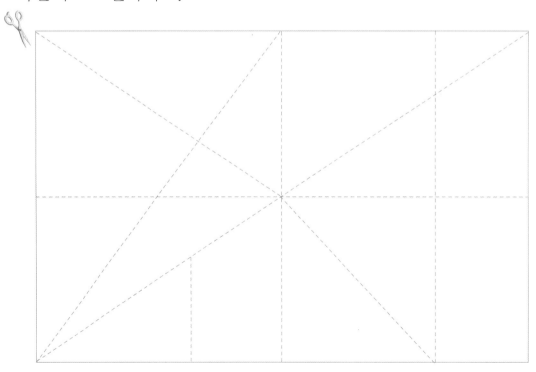

확인 학습

✿ 이름 :

✿ 날짜 :

✿ 시간 :　　시　　분 ~　　시　　분

확인

🐸 규칙에 따라 ☐ 안에 알맞은 모양을 그려 넣으시오.(1~5)

1

2

3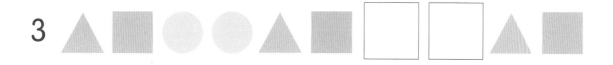

4

5

확인 학습

👻 규칙에 따라 빈 곳에 색칠하시오.(6~9)

6

7

8

9

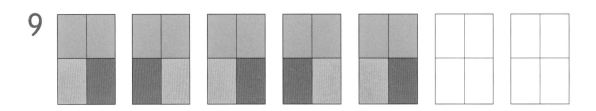

확인 학습

✿ 이름 :

✿ 날짜 :

✿ 시간 : 시 분 ~ 시 분

확인

🐸 규칙에 따라 □ 안에 들어갈 알맞은 수를 쓰시오.(1~4)

1 1 3 5 7 9 11 □ 15 17 19 □ 23 25 27 29 31

[답]

2 1 2 2 3 3 □ 1 2 2 3 3 3 □ 2 2 3 3 3 1 2 2

[답]

3 2 4 6 8 10 □ 14 16 18 □ □ 24 26 28 □ 32

[답]

4 0 5 10 □ 20 25 □ 35 40 45 50 □ 60 65

[답]

규칙에 따라 빈 곳에 색칠하시오.(5~8)

5

6

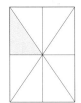 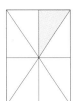 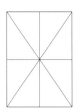 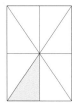 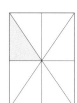 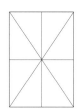

7

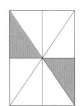 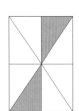 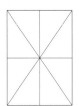 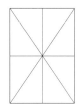 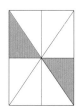 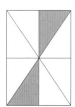

8

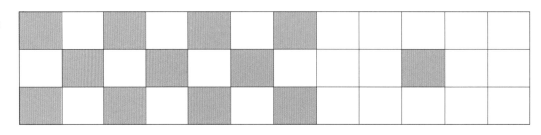

 확인 학습

✿ 이름 :

✿ 날짜 :

✿ 시간 :   시   분 ~   시   분

확인

🐸 다음 빈칸에 알맞은 수를 써넣으시오.(1~6)

1

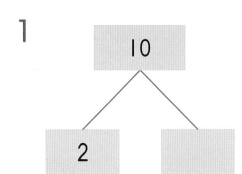

10

2   ☐

2

10

☐   4

3

10

10   ☐

4

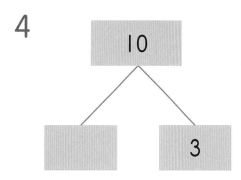

10

☐   3

5

5   5

☐

6

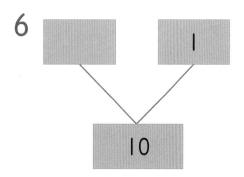

☐   1

10

확인 학습

👻 10이 되도록 두 수를 모아 보시오.(7~8)

7 10

1	3		7	
		6		8

8 10

0		10		6
	5		1	

👻 다음 빈칸에 알맞은 수를 써넣으시오.(9~10)

9
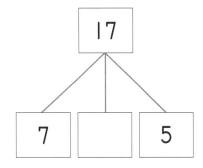

10
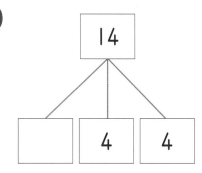

확인 학습

E-235a

✿ 이름 :

✿ 날짜 :

✿ 시간 :　　시　　분 ～　　시　　분

확인

🐸 가르기와 모으기를 하여 ☐ 안에 알맞은 수를 써넣으시오.(1~3)

1

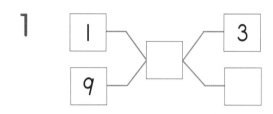

2

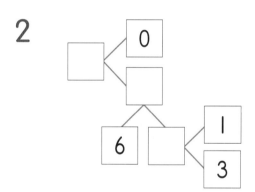

3

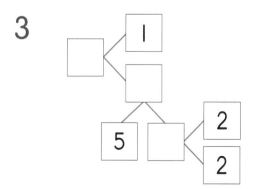

확인 학습

👻 규칙에 따라 빈 곳에 알맞은 수를 써넣으시오.(4~9)

4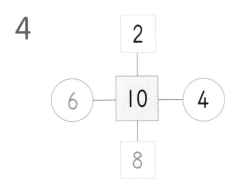

5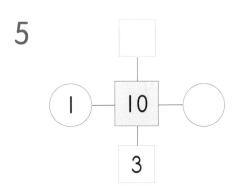

6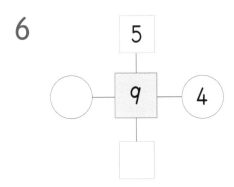

7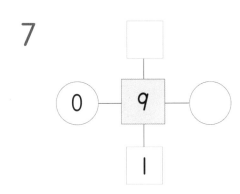

8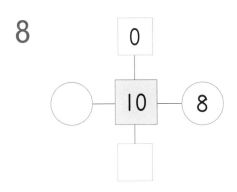

9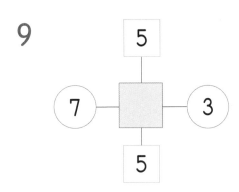

✿ 이름 :

✿ 날짜 :

✿ 시간 :   시   분 ~   시   분

확인

1 윤희는 고리 10개를 막대에 던져서 6개를 막대에 걸었습니다. 막대에 걸리지 않은 고리는 몇 개입니까?

[답]

2 선생님께서 진수와 지은이에게 위인전을 똑같이 나누어 주셨습니다. 진수가 5권을 받았다면, 선생님께서 나누어 주신 위인전은 모두 몇 권입니까?

[답]

3 언니는 색종이를 7장 가지고 있고, 동생은 색종이를 3장 가지고 있습니다. 언니가 동생에게 색종이 몇 장을 주면, 두 사람이 가지고 있는 색종이의 수가 똑같아집니까?

[답]

4 상자 안에 파란 구슬 7개와 흰 구슬 3개가 있습니다. 그중에서 4개를 꺼내면 구슬은 몇 개가 남습니까?

[답]

5   책상 위에 빨간색 색종이가 4장, 파란색 색종이가 2장 있습니다. 색종이가 모두 10장이 되려면 몇 장이 더 있어야 합니까?

[답]

6   사탕이 10개 있습니다. 형이 4개를 먹고, 남은 것을 동생과 친구가 똑같이 나누어 가졌습니다. 동생은 몇 개를 가졌습니까?

[답]

7   어떤 두 수를 모으면 10이고, 두 수의 차는 4입니다. 두 수 중에서 큰 수는 몇입니까?

[답]

8   빨간 장미는 2송이 있고, 흰 장미는 빨간 장미보다 6송이 더 많습니다. 빨간 장미와 흰 장미는 모두 몇 송이입니까?

[답]

✿ 이름 :

✿ 날짜 :

✿ 시간 :　　시　　분 ~　　시　　분

확인

🐸 다음 빈칸에 알맞은 수를 써넣으시오.(1~6)

1

```
6
[  ]  ── 15
4
```

2

```
        4
17 ──  [  ]
        6
```

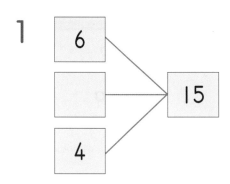

3

```
8
[  ]  ── 19
9
```

4

```
        3
18 ──  [  ]
        7
```

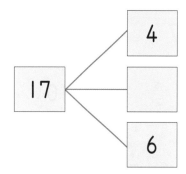

5

```
[  ]
1  ── 11
9
```

6

```
        [  ]
10 ──  0
        0
```

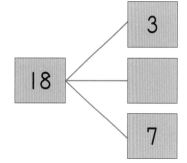

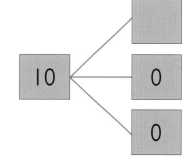

확인 학습

E-237b

세 수를 모으면 ○ 안의 수가 되도록 빈칸에 알맞은 수를 써넣으시오.(7~14)

7

6		4
	(10)	

8

7	9	
	(19)	

9

8		0
	(10)	

10

7	7	
	(17)	

11

0		6
	(10)	

12

0	4	
	(14)	

13

1		10
	(11)	

14

	1	1
	(11)	

확인 학습

E-238a

🌐 창의력 학습

1부터 100까지 차례대로 선으로 이으면 어떤 그림이 완성됩니까?

E-238b

흰색 바둑돌과 검은색 바둑돌이 번갈아 가면서 놓여 있습니다. 아래 그림처럼 움직여 보시오. 단, 바둑돌은 한 번에 한 칸씩 움직일 수 있고, 한 칸을 건너 뛸 수도 있습니다. 여러분은 몇 번 만에 만들었습니까?

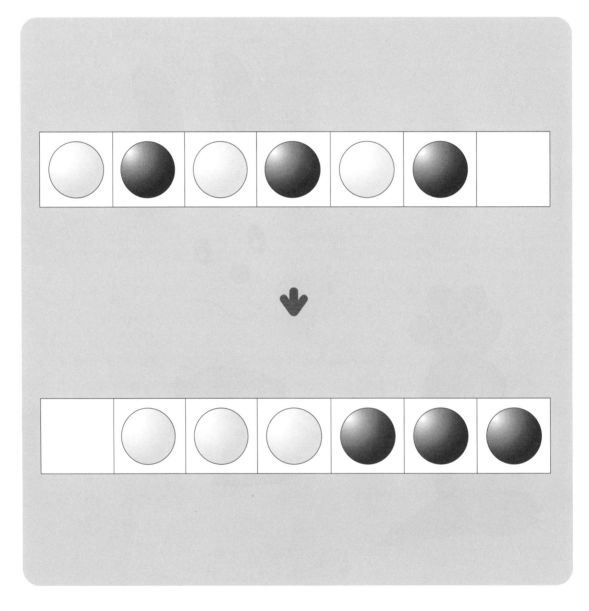

✿ 이름 :

✿ 날짜 :

✿ 시간 :　시　분 ~ 　시　분

확인

➕ 경시 대회 예상 문제

1 수를 모두 쓰시오.

(1) 78과 82 사이에 있는 수　　　　　[　　　　　　　　　]

(2) 97과 101 사이에 있는 수　　　　[　　　　　　　　　]

(3) 88과 92 사이에 있는 수 중에서 십의 자리 숫자가 9인 수

　　　　　　　　　　　　　　[　　　　　　　　　]

2 0부터 9까지의 숫자 중에서 ☐ 안에 들어갈 수 있는 숫자들을 모두 쓰시오.

(1) 93 > 9☐　　　　　　　[　　　　　　　　　]

(2) 79 < ☐2　　　　　　　[　　　　　　　　　]

(3) 49 < ☐1 < 93　　　　　[　　　　　　　　　]

3 개수가 가장 많은 모양과 가장 적은 모양의 차는 몇 개입니까?

[답]

4 규칙에 따라 빈 곳에 색칠을 하시오.

5 위 4번의 규칙에 따라 □, △, ○를 그려 넣으시오.

□	△	○			

6 세 수를 모으면 ⬤ 안의 수가 되도록 빈칸에 알맞은 수를 써넣으시오.

(1)
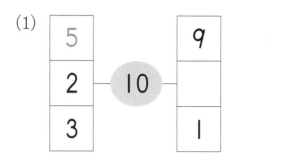

(2)
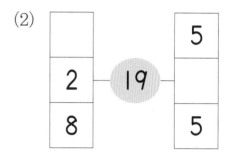

7 모아서 10이 되도록 두 수를 묶으시오.

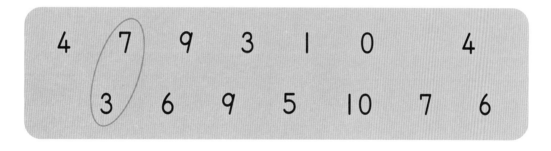

8 세 수를 모으면 17이 되도록 빈칸에 알맞은 수를 써넣으시오.

17	3		6	9
	7	0		
		10	4	7

9 바구니에 사과가 5개, 귤이 3개, 배가 2개 들어 있습니다. 그중에서 사과 3개, 귤 1개를 먹었다면, 바구니에 남아 있는 과일은 몇 개입니까?

[답]

10 어떤 세 수를 모으면 19가 됩니다. 그중에서 한 수는 9이고, 나머지 두 수는 같습니다. 나머지 두 수는 각각 몇입니까?

[답]   ,

11 닭과 토끼가 모두 10마리 있습니다. 닭은 토끼보다 4마리 더 많습니다. 토끼는 몇 마리입니까?

[답]

12 어떤 세 수를 모으면 16이 됩니다. 그중에서 한 수는 6이고 나머지 두 수의 차는 2입니다. 세 수 중에서 가장 작은 수는 몇입니까?

[답]

1. 관계있는 것끼리 선으로 이으시오.

60 •   • 칠십 •   • 여든

70 •   • 팔십 •   • 일흔

80 •   • 육십 •   • 예순

2. 관계있는 것끼리 선으로 이으시오.

77 •   • 칠십칠 •   • 아흔셋

93 •   • 팔십이 •   • 일흔일곱

82 •   • 구십삼 •   • 여든둘

3. 빈칸에 알맞은 수를 써넣으시오.

4. 빈칸에 알맞은 수를 써넣으시오.

5. ☐ 안에 알맞은 수를 써넣으시오.

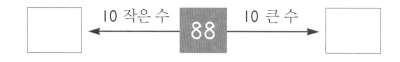

6. ○ 안에 >, <를 알맞게 써넣으시오.

(1) 69 ◯ 71   (2) 85 ◯ 87

7. 가장 큰 수에는 ○표, 가장 작은 수에는 △표 하시오.

(1) [71, 79, 73]　　　　　　　(2) [96, 98, 89, 70]

8. □안에 들어갈 수 있는 숫자들을 모두 고르시오.

74 > □8　　　　(5, 6, 7, 8, 9)

9. 수 배열 표에서 색칠한 칸의 수들에는 어떤 규칙이 있습니까?

70	71	72	73	74		76	77	78	79
80	81	82	83	84		86	87	88	89
90	91	92	93	94		96	97	98	99

[답]

10. 보기와 같은 모양을 찾아 같은 색을 칠하시오.

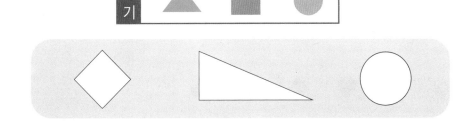

11. 세모 모양인 것은 어느 것입니까?

① 동전　　② 공　　③ 삼각자　　④ 공중전화카드

12. 왼쪽과 같은 모양을 오른쪽 점판에 그리시오.

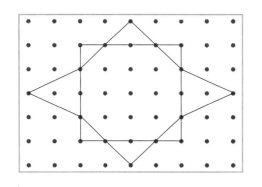 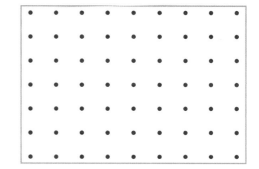

13. 규칙에 따라 (　　) 안에 알맞은 모양을 그려 넣으시오.

 (　　　)

14. 규칙에 따라 □ 안에 알맞은 모양을 그려 넣으시오.

15. 규칙에 따라 색칠하여 보시오.

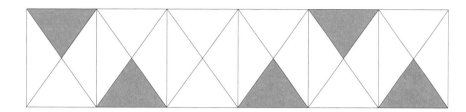

16. □ 안에 알맞은 수를 써넣으시오.

(1)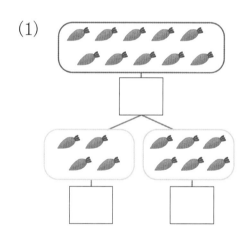

(2)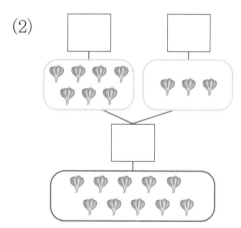

17. 10을 두 수로 갈라 보시오.

10	2		5		10
		3		9	

18. 모아서 10이 되도록 두 수를 선으로 이으시오.

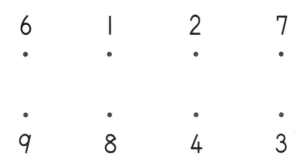

19. 사탕 목걸이를 선물하려고 합니다. 하나의 목걸이에는 10개의 사탕을 걸어 완성할 수 있습니다. 목걸이를 완성해 보시오.

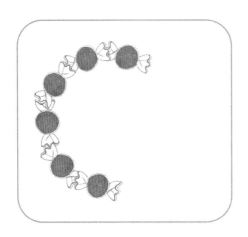 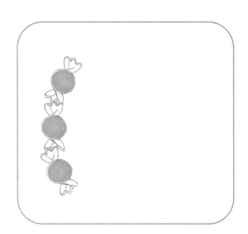

20. 책꽂이 한 칸에는 책을 10권씩 꽂을 수 있습니다. 민호는 지금 책 3권을 가지고 있습니다. 민호가 책꽂이 한 칸을 꽉 채우려면 몇 권이 더 있어야 합니까?

[답]

181a 1. 6, 60 2. 7, 70

181b 3. 50, 오십, 쉰

4. 60, 육십, 예순

5. 70, 칠십, 일흔

6. 80, 팔십, 여든

7. 90, 구십, 아흔

182a 1. 육십(예순) 2. 칠십(일흔)

3. 80, 팔십(여든)

4. 90, 구십(아흔) 5. 100, 백

182b 6. 6, 3, 63 7. 6, 5, 65

8. 7, 8, 78

183a 1. 5, 3, 53 2. 7, 5, 75

3. 9, 6, 96 4. 8, 8, 88

183b 5. 55, 오십오, 쉰다섯

6. 66, 육십육, 예순여섯

7. 88, 팔십팔, 여든여덟

184a 1. 5, 6 2. 8, 0 3. 7, 9

4. 6, 1

5.

수	61	73	84	95	100
읽기	육십일	칠십삼	팔십사	구십오	백
	예순하나	일흔셋	여든넷	아흔다섯	백

184b 6. 80, 90 7. 60, 66, 70

8. 0, 60, 80 9. 92, 93, 95

10. 90, 80, 70

185a 1. 60, 63, 66, 68

2. 70, 72, 75, 77, 79

3. 89, 90, 93, 96, 98

4. 79, 81, 84, 87, 88

5. 88, 89, 90 6. 57, 58, 59

185b 7. 60 8. 70 9. 80

10. 59 11. 79 12. 90

186a 1. 59 2. 70 3. 79

4. 90 5. 99 6. 71

7. 60

186b 8. 51 9. 70 10. 78, 80

11. 90, 92 12. 89, 91

13. 68, 70 14. 60

15. 60 16. 69 17. 80

187a 1. 50, 45 2. 45, 50

3. 82 4. 78 5. 99

6. 60 7. 72 8. 90

187b 9. 71, 66 10. 66, 71

11. 66 12. 59 13. 84

14. 58 15. 62 16. 55

188a 1. 99는 89보다 큽니다.

2. 80은 94보다 작습니다.

3. 90은 89보다 큽니다.

4. 79는 81보다 작습니다.

5. 70>69 6. 68<71

7. 79<89 8. 91>88

188b　9. 8　　10. 0, 2, 3　　11. 9

　　　　12. 6, 8　　13. 0　　　14. 7

189a　1.

51	52	53	54	55
56	57	58	59	60
61	62	63	64	65
66	67	68	69	70
71	72	73	74	75

규칙 : 5씩 커집니다.

　　　　2.

51	52	53	54	55	56	57	58	59	60
61	62	63	64	65	66	67	68	69	70
71	72	73	74	75	76	77	78	79	80
81	82	83	84	85	86	87	88	89	90
91	92	93	94	95	96	97	98	99	100

규칙 : 10씩 커집니다.

　　　　3.

92	93	94
95	96	97
98	99	100

규칙 : 3씩 커집니다.

189b　4. 1　　　　5. 10

62	64	66	68	70
72	74	76	78	80
82	84	86	88	90
92	94	96	98	100

　　　　6. 2　　　　7. 10

190a　1. 8, 7　　2. 96

　　　　3. 여든여섯 • 　　• 78
　　　　　　예순넷 • ✕ • 64
　　　　　　일흔여덟 • 　　• 86

　　　　4. 91　　　　5. 72

　　　　6. 84　　　　7. 67

190b　8. 팔십칠, 여든일곱

　　　　9. 구십구, 아흔아홉

　　　　10. 칠십삼, 일흔셋

　　　　11. 육십사, 예순넷

　　　　12. 40, 80

　　　　13. 90, 80, 75　　14. 90, 92

191a　1. 90　　　2. 79　　　3. 70

　　　　4. 40, 60　　　5. 70, 90

　　　　6. 53, 73　　　7. 65, 85

　　　　8. 70, 80　　　9. 80, 100

191b　10. >　　　11. <　　　12. <

　　　　13. <　　　14. >　　　15. >

　　　　16. >　　　17. <

　　　　18. >, 96은 88보다 큽니다.

　　　　19. <, 67은 71보다 작습니다.

　　　　20. 3, 4, 5, 6, 7, 8, 9

　　　　21. 7, 8, 9

192a　1. 79, 80, 81

　　　　2. 88, 89, 90, 91

　　　　3. 70, 71　　4. 98　　　5. 100

192b　6. 5씩 커집니다.

　　　　7. 샛별

　　　　8. 한별

193a 16, 19, 22, 25, 28에 색칠합니다.

193b 생략

1. (1) 아흔, 예순, 마흔
   (2) 90, 85, 75

2. (1) 47, 53   (2) 45, 55

3. 3개 풀이 87, 88, 89

4. 3개 풀이 97, 98, 99

5. 65세   6. 10

7. 20   8. 4장

9. 93

풀이 십의 자리 숫자와 일의 자리 숫자의 합이 12가 되는 경우는

십의 자리	9	8	7	6	5	4	3
일의 자리	3	4	5	6	7	8	9

입니다. 이 중에서 십의 자리 숫자가 일의 자리 숫자보다 6만큼 더 큰 경우는 9, 3입니다.

10. 80

풀이 2장의 숫자 카드를 뽑아 만들 수 있는 두 자리 수는 86, 80, 68, 60입니다.

11.

24	28	32	36	40
44	48	52	56	60
64	68	72	76	80
84	88	92	96	100

(1) 20씩 커집니다.
(2) 4씩 커집니다.

12. 10

풀이 100보다 10 작은 수는 90이고, 90은 80보다 10 큰 수입니다.

13. (1) 73번 풀이 줄넘기를 친구는 53번 넘었고, 53보다 10 큰 수는 63이므로 나는 63번 넘었습니다. 또, 63보다 10 큰 수는 73이므로 형은 73번 넘었습니다.

(2) 20번 풀이 73은 53보다 20 큰 수이므로 형은 친구보다 20번 더 많이 넘었습니다.

(3) 20번 풀이 나는 63번 넘었고, 형은 73번 넘었습니다. 따라서 73보다 10 큰 수는 83이고, 83은 63보다 20 큰 수입니다.

14. 9개 풀이 90은 10개씩 9묶음이므로, 사과 90개를 한 상자에 10개씩 담으려면 상자는 모두 9개가 있어야 합니다.

15. 50 풀이 100은 10개씩 10묶음이고, 50은 10개씩 5묶음입니다. 따라서 100과 50의 차는 10개씩 5묶음인 50입니다.

196a 1.

196b 2. 예) 네모 모양 3. 예) 동그라미 모양

4. 예) 세모 모양 5. 예) 접시, 호떡

6. 예) 액자, 지우개, 창문

7. 예) 트라이앵글, 옷걸이, 삼각 김밥

197a 1. 예) 2. 예)

3. 예) 4. 예)

197b 5. 예) 동그라미 모양 6. 예) 동그라미 모양

7. 예) 동그라미 모양 8. 예) 네모 모양

9. 예) 네모 모양   10. 예) 세모 모양

198a
1. 예) ◯ ◯
2. 예) ▢ ▢
3. 예) △ △
4. 예)

198b
5.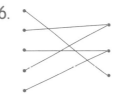

199a
1. 예) ▭   2. 예) ◯
3. 예) ◯   4. 예) ◺
5. 예) ▢

199b
6.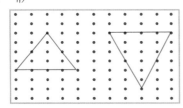

200a
1. 생략
2. 예)

200b
3. 예) 세모 모양 4개
4. 예) 세모 모양 2개, 네모 모양 2개
5. 예) 동그라미 모양 1개
6. 예) 네모 모양 1개

201a
1. 4개   2. 생략   3. 생략

201b
4. 4   5. 곧은   6. 예) 동그라미
7.

202a
1. 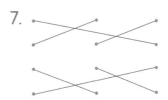   2.

202b
3. (가) 1, 5, 5   (나) 3, 1, 6
4. 예) 네모 모양   5. 예) 동그라미 모양
6. 예) 세모 모양

203a
1. (1) 8   (2) 3   (3) 6
2. (1) 4   (2) 4   (3) 10

203b
3.

4. (1) ⑤, ⑫   (2) ③, ⑨   (3) ⑪

204a
1. ▨, ▨   2. ◔, ◔
3. ▪, ●, ▲

204b
4. 예) 세모   5. 예) 동그라미
6. 예) 세모   7. ◣, ▪, ●

205a
1. 3, 2, 1, 1   2. 3
3. 2   4. 7, 5, 9
5. 7

205b

6.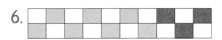

7.   8.

9.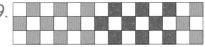

206a

1. □, ○, ◇   2. ♠, ♤, ♠

3. ▲, ▼   4.

206b

5. △, △, ○ ○   6. ▽, ✖, ○

7. ▽, △, ▽

8. 예)

207a

1.   2.   3.

207b

4. 예) △□□○△□□○△□□○

5. 예) 9876556789 9876556789

6. 예)

208a
창의력 학습

생략

208b
창의력 학습

3개

209a
경시 대회 예상 문제

1. (1) 9개, 6개, 2개   (2) 7개

2. 예)

209b
경시 대회 예상 문제

3. (1) 6개   (2) 5개   (3) 3개

210a
경시 대회 예상 문제

4.

5. (1) ○, △   6.
   (2) ✚, △

210b
경시 대회 예상 문제

7. 10개   8. 예) 세모 모양 6개

9. (1) 3개, 0개   (2) 0개, 3개

211a

1.   2.

3.   4.

211b

5.   6.

7.   8.

212a

1.   2.

3.   4.

212b

5.   6.

7.   8.

213a 1.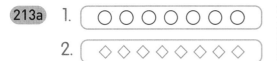
2.

213b 3.
4.

214a 1. 2   2. 4

214b 3. 1   4. 2   5. 3
6. 4   7. 5   8. 6

215a 1. 0   2. 1   3. 2
4. 3   5. 4   6. 5

215b 7. 9   8. 8   9. 7
10. 6   11. 5   12. 4

216a 1. 5   2. 4   3. 3
4. 2   5. 1   6. 0

216b 7. 10   8. 8   9. 9
10. 6   11. 7   12. 0

217a 1. 9, 8, 7, 5, 4, 3, 2, 0
2. 6, 5, 4, 3, 2, 1, 0
3. 5, 4, 3, 2, 1, 0

217b 4. 7, 6, 4, 2, 0
5. 6, 5, 4, 3, 1, 0
6. 8, 7, 4, 3, 2, 1, 0

218a 1. 5   2. 10   3. 7

218b 4. 6   5. 5   6. 7
7. 4   8. 8   9. 2

219a 1. 9   2. 8   3. 7
4. 4   5. 0   6. 5

219b 7. 9   8. 8   9. 10
10. 5   11. 6   12. 3

220a 1.

2. 3.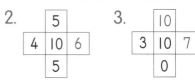

4. 5.

220b 6.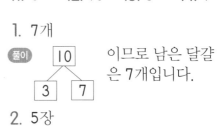
7.
8. 6   9. 1

221a 1. 4   2. 7   3. 2
4. 3   5. 9   6. 10

221b 7. 4   8. 4   9. 2   10. 5
11. 0   12. 10   13. 8   14. 9

222a 1. 7개
풀이 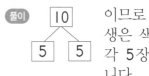 이므로 남은 달걀은 7개입니다.

2. 5장
풀이 이므로 언니와 동생은 색종이를 각 5장씩 가졌습니다.

3. 8개

4. 2개

풀이 10을 두 수로 가르는 경우는

형	0	1	2	3	4	5	6	7	8	9	10
동생	10	9	8	7	6	5	4	3	2	1	0

입니다. 따라서 형이 동생보다 6개 더 많이 가진다고 했으므로, 동생은 2개 가져야 합니다.

222b

5. 10개

6. 6개

풀이 이므로 엄마는 바나나를 6개 사 오셨습니다.

7. 3개   풀이

10이 되도록 두 수를 모으는 경우는

사과	0	1	2	3	4	5	6	7	8	9	10
배	10	9	8	7	6	5	4	3	2	1	0

입니다. 따라서 사과는 배보다 4개 더 많다고 했으므로, 배는 3개입니다.

8. 4대

223a 창의력 학습

• 하늘을 나는 기차
• 문이 위에 달려 있는 건물
• 신호등이 빨간불일 때 횡단보도를 건너는 사람들
• 의자에 앉아 있는 돼지

223b 창의력 학습

2, 2 / (10, 4), (4, 10) / (10, 5), (5, 10) / (10, 9), (9, 10)

224a 경시 대회 예상 문제

1.

---

2. 4개

3. 5장, 5장

풀이 16장 중에서 보람이가 6장을 가졌으므로 10장이 남았습니다. 10장을 하늘이와 예슬이가 똑같이 나누어 가지려면 각각 5장씩 가지면 됩니다.

224b 경시 대회 예상 문제

4.

★	3	★
2	10	8
★	7	★

1	★	4
★	10	★
6	★	9

5.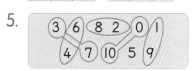

6.

10	3	10	6	0
	7	0	4	10

225a 경시 대회 예상 문제

7. (1) 10   (2) 10

8. (1) (2, 8), (3, 7), (4, 6)   (2) 3

225b 경시 대회 예상 문제

9. 10송이

10. 5, 5

풀이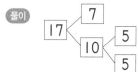

11. 4마리

12. 3장   풀이

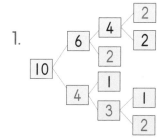

226a

1. 86   2. 66   3. 74

4. 팔십칠, 여든일곱

5. 구십육, 아흔여섯

6. 칠십구, 일흔아홉

226b 7. 79   8. 70
9. 79, 80, 82, 84, 85
10. 90, 89, 86, 85
11. 쉰, 일흔, 여든, 아흔

227a 1. 4   2. 6   3. 15
4. 18   5. 26   6. 32

227b 7. 5개   풀이 여든(80)개는 10개씩 8묶음이므로 8-3=5(개) 더 있어야 합니다.
8. 30권
9. 10개   풀이 70개는 10개씩 7묶음이고 90개는 10개씩 9묶음입니다. 따라서 노란 상자 안에 있는 귤 1묶음(10개)을 파란 상자로 옮겨 넣으면 8묶음(80개)으로 같아집니다.
10. 3개   풀이 87, 88, 89

228a 1. 59, 63   2. 68, 72
3. 78, 82   4. 88, 92
5. 57, 61   6. 87, 91
7. 48, 52   8. 58, 62

228b 9.

11	12	13	14	15
16	17	18	19	20
21	22	23	24	25
26	27	28	29	30

10. 1씩 커집니다.
11. (위에서부터) 70, 79, 89, 90

229a 1. 91>89   2. 79<83
3. 0, 1, 2, 3   4. 7, 8, 9
5. 57, 97   6. 70, 100

229b 7. 4명   8. 한별   9. 이슬

10. 63
풀이 두 숫자의 합이 9인 경우는

| 십의 자리 | 1 | 2 | 3 | 4 | 5 | 6 | 7 | 8 | 9 |
| 일의 자리 | 8 | 7 | 6 | 5 | 4 | 3 | 2 | 1 | 0 |

입니다. 이때, 십의 자리 숫자가 일의 자리 숫자보다 3 큰 경우는 십의 자리 숫자가 6, 일의 자리 숫자가 3일 때입니다.

230a 1.

2. 생략

230b 3. 예)

4. 예)

5.

231a 1. 3개   2. 5개
3. 11개   4. 3개

231b 5. 4개

6.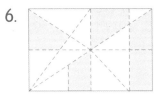

232a 1. ▲   2. ■   3. ●, ●
4. ■, ●, ▲   5. ▲

232b 6.

※해답은 따로 보관하고 있다가 채점할 때 사용해 주세요.

7.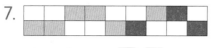

8. △, △   **9.** ▦, ▦

233a　1. 13, 21　　2. 3, 1

3. 12, 20, 22, 30

4. 15, 30, 55

233b　5. ◪, ◪　6. ◈, ◈

7. ◩, ◪

8.

234a　1. 8　　　2. 6　　　3. 0

4. 7　　　5. 10　　6. 9

234b　7.

1	3	4	7	2
9	7	6	3	8

8.

0	5	10	9	6
10	5	0	1	4

9. 5　　　　　10. 6

235a　1. 10, 7

2. (위에서부터) 10, 10, 4

3. (위에서부터) 10, 9, 4

235b　4. ⑥, 8　　　5. ⑨, 7

6. ⑤, 4　　　7. ⑨, 8

8. ②, 10　　　9. 10

236a　1. 4개　　2. 10권

---

3. 2장　풀이 언니가 동생에게 1장을 주면 언니는 6장, 동생은 4장이 되고, 언니가 동생에게 2장을 주면 언니와 동생이 각각 5장이 되어 두 사람이 가지고 있는 색종이의 수가 똑같아집니다.

4. 6개　풀이

$$\begin{matrix} 7 \\ 3 \end{matrix} \rangle 10 이고 10 \langle \begin{matrix} 4 \\ 6 \end{matrix} 입니다.$$

236b　5. 4장　풀이

$$\begin{matrix} 4 \\ 2 \end{matrix} \rangle 6 이고 \begin{matrix} 6 \\ 4 \end{matrix} \rangle 10 입니다.$$

6. 3개　풀이

$$10 \langle \begin{matrix} 4 \\ 6 \end{matrix} 이고 6 \langle \begin{matrix} 3 \\ 3 \end{matrix} 입니다.$$

7. 7　풀이

10이 되도록 두 수를 모으는 경우는

큰 수	10	9	8	7	6
작은수	0	1	2	3	4

입니다. 따라서 두 수의 차가 4라고 했으므로 큰 수는 7입니다.

8. 10송이　풀이

$$\begin{matrix} 2 \\ 6 \end{matrix} \rangle 8 이고 \begin{matrix} 2 \\ 8 \end{matrix} \rangle 10 입니다.$$

237a　1. 5　　　2. 7　　　3. 2

4. 8　　　5. 1　　　6. 10

237b　7. 0　　8. 3　　9. 2　　10. 3

11. 4　　12. 10　　13. 0　　14. 9

238a　토끼,

창의력 학습

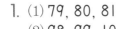
238b 8번

창의력
학습

239a 1. (1) 79, 80, 81
경시 대회   (2) 98, 99, 100
예상 문제   (3) 90, 91

2. (1) 0, 1, 2
   (2) 8, 9
   (3) 5, 6, 7, 8, 9

239b 3. 8개   풀이   9-1=8(개)
경시 대회
예상 문제   4.

5.

□	△	○	□	△	○
△	○	□	△	○	□
○	□	△	○	□	△

240a 6. (1)

5			9
2	10	0	
3			1

(2)

9			5
2	19	9
8			5

경시 대회
예상 문제

7. 예)
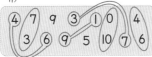

8.

	3	7	6	9
17	7	0	7	1
	7	10	4	7

240b 9. 6개
경시 대회   10. 5, 5
예상 문제
11. 3마리

12. 4   풀이

성취도 테스트

1.

2.

3. 87, 90, 92, 93

4. 98, 99

5. 78, 98

6. (1) <   (2) <

7. (1) [71, 79, 73]
   (2) [96, 98, 89, 70]

8. 5, 6

9. 10씩 커집니다.

10.

11. ③

12. 생략   13. ■   14. ♥

15.

16. (1)

| 10 |
| 4 | 6 |

(2)

| 7 | 3 |
| 10 |

17.

| 10 | 2 | 7 | 5 | 1 | 10 |
| | 8 | 3 | 5 | 9 | 0 |

18.

19.

20. 7권